全国一级造价工程师职业资格考试一本通

建设工程计价备考一本通

（2022 版）

主　编　左红军
副主编　杨润东
主　审　孙　琦

机械工业出版社

本书紧扣一级造价工程师考试大纲，依据新的法律法规、标准规范及部门规章编写。本书把每节内容划分为框架体系、考点预测及考点详解三大部分，考点详解下分设思维导图、考题直通及经典真题三个主题。以思维导图形式将知识点划分为若干独立考点，帮助读者搭建框架体系，并预测本年度可能会考核的考点，使读者对每一章节的学习内容有所侧重；以思维导图加考题直通的方式对每个考点进行详细剖析，使考生掌握核心知识点；以历年经典真题为载体，通过对经典真题的剖析，巩固框架体系，激活核心知识，提高应试技巧，兼顾实操细节。本书真正做到“三度”：

“广度”——考试范围的锁定。覆盖90%以上的考点。

“深度”——考试要求的把握。内容的难易程度适宜，与考试要求契合。

“速度”——学习效率的提高。重点突出60%的常考、必考内容，精准锁定55%的2022年考试要求掌握的内容，剔除10%的偏僻的内容和老套过时的题型。

本书适合2022年参加一级造价工程师职业资格考试的考生学习使用，也可作为造价从业者的参考用书。

图书在版编目（CIP）数据

建设工程计价备考一本通：2022版/左红军主编．—北京：机械工业出版社，2022.1

全国一级造价工程师职业资格考试一本通

ISBN 978-7-111-69950-7

Ⅰ.①建…　Ⅱ.①左…　Ⅲ.①建筑工程－工程造价－资格考试－自学参考资料　Ⅳ.①TU723.3

中国版本图书馆CIP数据核字（2021）第266419号

机械工业出版社（北京市百万庄大街22号　邮政编码100037）
策划编辑：汤　攀　责任编辑：汤　攀　刘　晨
责任校对：刘时光　封面设计：马精明
责任印制：单爱军
北京虎彩文化传播有限公司印刷
2022年1月第1版第1次印刷
184mm×260mm · 10印张 · 220千字
标准书号：ISBN 978-7-111-69950-7
定价：45.00元

电话服务	网络服务
客服电话：010-88361066	机　工　官　网：www.cmpbook.com
010-88379833	机　工　官　博：weibo.com/cmp1952
010-68326294	金　　书　　网：www.golden-book.com
封底无防伪标均为盗版	机工教育服务网：www.cmpedu.com

前　言
——考前解析及学习指导

◆核心价值

本书紧扣考试大纲，依据新的法律法规、标准规范及部门规章编写，并参考历年真题对本科目重新进行了梳理。为有效提升阅读体验，最大限度降低考生的认知门槛，本书每一章节囊括框架体系、考点预测及考点详解三大部分，考点详解下分设思维导图、考题直通及经典真题三个主题。以思维导图形式将每一章节的知识点划分为若干独立考点，帮助考生搭建框架体系，并预测本年度可能会考的考点，使考生对每一章节的重要考点一目了然；以思维导图加考题直通的方式对每个考点进行详细剖析，使考生掌握核心知识点；以历年经典真题为载体，通过对经典真题的剖析，巩固框架体系，激活核心知识，提高应试技巧，兼顾实操细节。

◆框架体系

本书共分为六章二十三节。其中，第一章、第二章为共性基础知识，为后四章的学习奠定基础；第三章至第六章分别介绍建设项目不同阶段工程造价的确定。

第一章　建设工程造价构成：以《建设项目经济评价方法与参数》（第三版）为依据，介绍建设工程造价的构成及各构成部分的费用明细及规定。本章的学习要点为掌握各部分费用的详细组成及费用边界的划分。如果把造价构成比喻成一辆汽车，我们拿到一个汽车配件，要迅速精准地安装到相应部位；同理，已知一项费用，我们要能够迅速准确地确定该项费用具体内容及归属。

第二章　建设工程计价原理、方法和计价依据：本章以清单和定额为依据，介绍建设工程造价的计算原理、计算方法及计价依据的应用。从应试角度而言，考生应牢固掌握高频考点，提高得分技巧；从实操角度而言，考生应全面掌握知识，切实提高工作业务能力。

第三章　建设项目决策和设计阶段工程造价的预测：本章详细介绍了建设前期各阶段工程造价的影响因素、各项费用的具体计算方法及成果文件（投资估算、设计概算、施工图预算）的组成及编制方法。

第四章　建设项目发承包阶段合同价款的约定：本章以《中华人民共和国招标投标法》《中华人民共和国招标投标法实施条例》《建设工程工程量清单计价规范》及相关配套标准

规范为依据，详细介绍了招标投标阶段的有关规定及建筑安装工程费的确定方法。

第五章　建设项目施工阶段合同价款的调整和结算：本章以《建设工程工程量清单计价规范》为主要依据，详细介绍了合同实施阶段（施工阶段）合同价款的调整、结算与支付相关问题。本章为本科目的绝对重点，同时也是与案例分析科目和实操关系最密切的章节。

第六章　建设项目竣工决算和新增资产价值的确定：本章介绍了建设项目竣工验收后建设单位办理竣工决算和新增资产价值的相关知识点，是本科目篇幅最短、历年真题考核分值最少的章节。考生请注意，历年真题考核分值最少只是说明本章不是重点内容，但并非可以放弃的章节，从应试角度而言，无须全面掌握，只需掌握高频考点即可。

◆考核题型

根据问题的设问方法和考查角度，把本科目考试题型划分为四大类：综合论述题、细节辨析题、判断应用题、计算题。

1. 综合论述题

这是近年来一级造价工程师考试公共课命题的热点及趋势，也是目前考试的主打题型。此类型题目最大的特点的是考查的知识点多、涉及面广，要求考生能够系统而全面地掌握相关知识，进而轻松通过考试。

在复习备考的过程中，考生需要系统地对每章知识进行全面复习，通过知识体系框架的建立及习题练习，来保障对考试范围内知识点的掌握程度。注意一级造价工程师的考试最重要的是对知识面的考查。

2. 细节辨析题

细节辨析题分为两类，一种是重要的知识点细节，即重要的期限、数字、组成、主体等；另外一种是对一些易混淆、易忽视、含义深的知识点的考查，题中会根据考生平时惯性思维、复习盲区等制造干扰选项来扰乱思维。

在复习备考的过程中，由于这类题具有比较强的规律性，考生应当通过历年真题的练习和老师的讲解，对这些知识点进行重点标注、归纳总结。

3. 判断应用题

这种题型是考试的难点题型，需要考生对工程经济的专业概念、理论、规范有着深入而清醒的认识和理解，能够站在工程经济的角度，运用有关知识和工具对项目建设过程中出现的实际问题进行分析判断，进行合理有效的处理。

这部分知识点需要考生借助专业人士或辅导老师深入浅出的讲解，在理解的基础上系统掌握，而不是机械地背诵或记忆。而这类题也是考试改革和命题趋势所向，同时对考生实际工作也有很强的规范和指导意义。

4. 计算题

本科目有价值的计算题考点一共有 20 个，历年考试计算题的分值都在 13 分左右，很多考生认为是难点，但其实本科目的计算题并不复杂，计算本身是小学和初中的数学知识的运用，重点在于经济模型的建立和相关知识的理解。这部分内容的特点在于一旦掌握，长期不忘，无需记忆，分数稳拿，因此这部分内容应当是所有考生必须掌握的内容。

本书所有计算题的解析尽可能地避免运用教材中繁杂的公式，而是用最简单的方法来解答，要求考生重在理解，反复练习掌握，同时注意解题速度。

◆备考须知

1. 背书肯定考不过

在应试学习过程中，只靠背书是肯定考不过的，切记：体系框架是基础，细节理解是前提，归纳总结是核心，重复记忆是辅助，特别是非专业考生，必须借助历年真题解析中的大量图表去理解每一个知识体系。

2. 勾画教材考不过

从 2014 年开始通过勾画教材进行押题的做法已经不再奏效，本科目考题的显著特点是以知识体系为基础的“海阔天空”，试题本身的难度并不大，但涉及的面太广。考生必须首先搭建起属于自己的知识体系框架，然后通过真题的反复演练，在知识体系框架中填充题型。

3. 只听不练难通过

听课不是考试过关的唯一条件，但听了一个好老师的讲课对你搭建体系框架和突破体系难点会有很大帮助，特别是对非专业考生。听完课后要配合历年真题进行精练，反复矫正答题模板，形成题型定式。

4. 先案例课后公共课，统一部署、区别对待

“赢在格局，输在细节”，“格局”体现在一级造价工程师职业资格考试四科应统一部署，整个知识体系化，主次分明、分而治之、穿插迂回、各个击破。“细节”体现在日常的时间安排及投入，每个板块知识点最终聚焦为一个个考点、一道道真题，日积月累，滴水穿石。

在总结归纳历年真题的基础上，区别对待不同的知识体系：例如“合同管理”侧重的是合同价款的全过程管理，“项目管理”侧重的是合同管理的理论和工具，“相关法规”侧重的是法定程序和法律依据。

案例是历年考试的重中之重，也是能否通过一级造价工程师考试的关键所在，同时，案例分析又融合了三门公共课的主要知识内容，这就需要以案例为龙头形成体系框架，在此基础上跟进公共课的选择题，从而达到“案例带动公共课，公共课助攻案例”的目的。

5. 三遍成活

绝大部分考试内容在本书中都有体现，因此要求考生对本书的内容做到“三遍成活”：

第一遍：重体系框架、重知识理解，本书通篇内容都要练习。

第二遍：重细节填充、重归纳辨析，对书中考点、难点、重点要反复练习，归纳总结，

举一反三。

第三遍：重查漏补缺、重错题难题，在考前最好的复习资料就是错题和查漏补缺的点。

◆超值服务

凡购买本书的考生，可免费享受：

(1) 备考纯净学习群：群内会定期分享核心备考所需资料，全国考友齐聚此群交流分享学习心得。QQ 群：638352108。

(2) 20 节左右配套知识点讲解：由左红军师资团队，根据本书内容及最新考试方向精心录制，实时根据备考进度更新。

(3) 2022 年最新备考资料：电子版考点记忆手册、历年真题试卷、2022 年备考白皮书、专用刷题小程序。

(4) 1v1 专属班主任：给考生持续发送最新备考资料、监督考生学习进度、提供最新考情通报。

本书编写过程中得到了业内多位专家的启发和帮助，在此深表感谢！苏蕾、岑林、宁宇、王晓峰、卜红玉、张奇、徐玲玲、袁婧玮、何维、康丽、赵秀娟、梁锐、周艳妮、赵俊娥、淡晓祥、于东、叶琴、阳雷、胡继颖、樊生利、杨明、朱振、李慧、蒲学林、姜娟、彭渝、黄懿、赵海强、吴恩祥、李碧颖、卜红玉、兰冬、刘冰冰、刘洪江、王殿威、潘秀娟、王丹、梁帅令、马延伟、王文艳、孙兆英、焦红、陈绵、陈振峰、陈聪等人参与了本书的资料收集、整理、校对等工作，在此一并致谢。由于时间和水平有限，书中难免有疏漏和不当之处，敬请广大读者批评指正。

编　者

目　　录

前言——考前解析及学习指导

第一章　建设工程造价构成 ······ 1
第一节　概述 ······ 1
第二节　设备及工器具购置费用的构成和计算 ······ 4
第三节　建筑安装工程费用的构成和计算 ······ 10
第四节　工程建设其他费用的构成和计算 ······ 19
第五节　预备费和建设期利息的计算 ······ 25

第二章　建设工程计价原理、方法和计价依据 ······ 29
第一节　工程计价原理 ······ 29
第二节　工程量清单计价方法 ······ 35
第三节　人工、材料和施工机具台班消耗量的确定 ······ 44
第四节　人工、材料和施工机具台班单价的确定 ······ 50
第五节　工程计价定额的编制 ······ 55
第六节　工程计价信息及其应用 ······ 62

第三章　建设项目决策和设计阶段工程造价的预测 ······ 67
第一节　投资估算的编制 ······ 67
第二节　设计概算的编制 ······ 77
第三节　施工图预算的编制 ······ 86

第四章　建设项目发承包阶段合同价款的约定 ······ 90
第一节　招标工程量清单与最高投标限价的编制 ······ 90
第二节　投标报价的编制 ······ 97
第三节　中标价及合同价款的约定 ······ 104
第四节　工程总承包及国际工程合同价款的约定 ······ 112

第五章　建设项目施工阶段合同价款的调整和结算 …… 118
第一节　合同价款调整 …… 118
第二节　工程合同价款支付与结算 …… 130
第三节　工程总承包和国际工程合同价款结算 …… 142

第六章　建设项目竣工决算和新增资产价值的确定 …… 147
第一节　竣工决算 …… 147
第二节　新增资产价值的确定 …… 149

第一章

建设工程造价构成

第一节　概　　述

一、框架体系

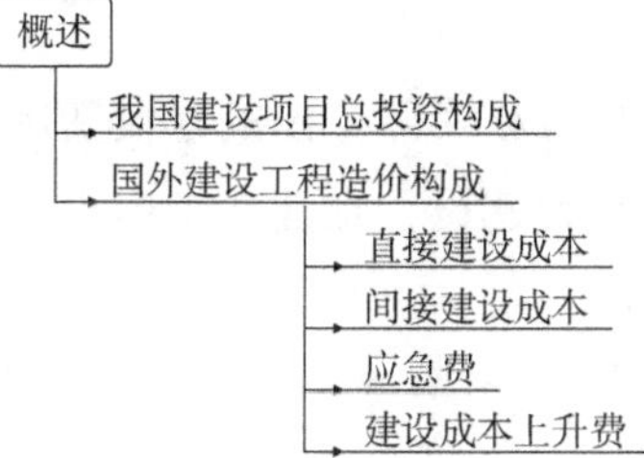

二、考点预测

1. 我国建设项目总投资的组成及各组成部分内容。
2. 国外建设工程造价构成及各组成部分内容。

三、考点详解

考点一、我国建设项目总投资构成

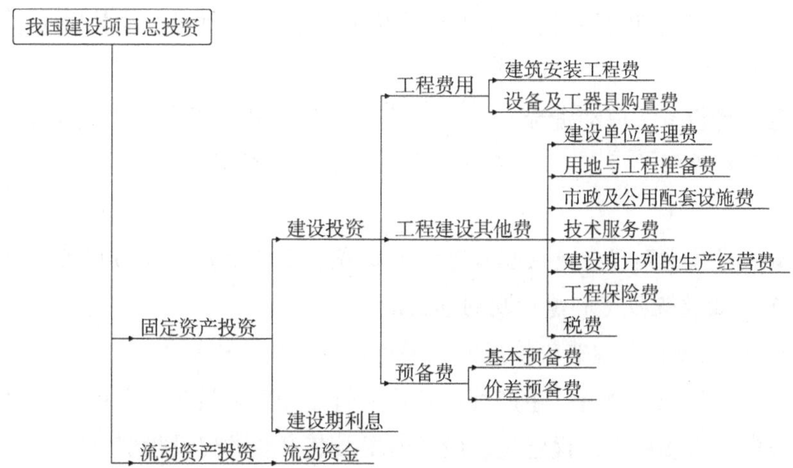

考题直通

本考点常考题型有两类：一类是考核上图中各项费用的组成，另一类是考核有关规定和概念。对于有关规定和概念，考生需掌握以下几点：

（1）生产性建设项目总投资包括建设投资、建设期利息和流动资金三部分；非生产性建设项目总投资包括建设投资和建设期利息两部分。

（2）固定资产投资与建设项目的工程造价在量上相等。

（3）流动资金在可行性研究阶段用于财务分析时计为全部流动资金，在初步设计及以后阶段用于计算“项目报批总投资”或“项目概算总投资”时计为铺底流动资金。

（4）铺底流动资金是指生产经营性建设项目为保证投产后正常的生产运营所需，并在项目资本金中筹措的自有流动资金。

（5）建设项目总投资是为完成工程项目建设并达到使用要求或生产条件，在建设期内预计或实际投入的全部费用总和。

（6）工程造价是指在建设期预计或实际支出的建设费用。

（7）建设投资是为完成工程项目建设，在建设期内投入且形成现金流出的全部费用。

经典真题

1. 固定资产投资包括（　　）。

A. 建筑工程费＋安装工程费＋预备费

B. 建筑工程费＋安装工程费＋工程建设其他费

C. 建筑安装费＋工程建设其他费＋预备费

D. 工程费用＋工程建设其他费＋预备费＋建设期利息

【答案】 D

【解析】 本题考核我国建设项目总投资的构成。固定资产投资包括建设投资和建设期利息，建设投资由工程费用、工程建设其他费和预备费组成。

2. 根据我国现行建设项目总投资及工程造价的构成，下列资金在数额上和工程造价相等的是（　　）。

A. 固定资产投资＋流动资金　　B. 固定资产投资＋铺底流动资金

C. 固定资产投资　　D. 建设投资

【答案】 C

【解析】 本题考核我国现行建设项目总投资构成。固定资产投资与建设项目的工程造价在量上是相等的，由建设投资和建设期利息组成。

3. 根据现行建设项目工程造价构成的相关规定，工程造价是指（　　）。

A. 为完成工程项目建造，生产性设备及配合工程安装设备的费用

B. 建设期内直接用于工程建造、设备购置及其安装的建设投资

C. 为完成工程项目建设，在建设期内投入且形成现金流出的全部费用

D. 在建设期内预计或实际支出的建设费用

【答案】D

【解析】本题考核的是工程造价的定义，即在建设期预计或实际支出的建设费用。

考点二、国外建设工程造价构成

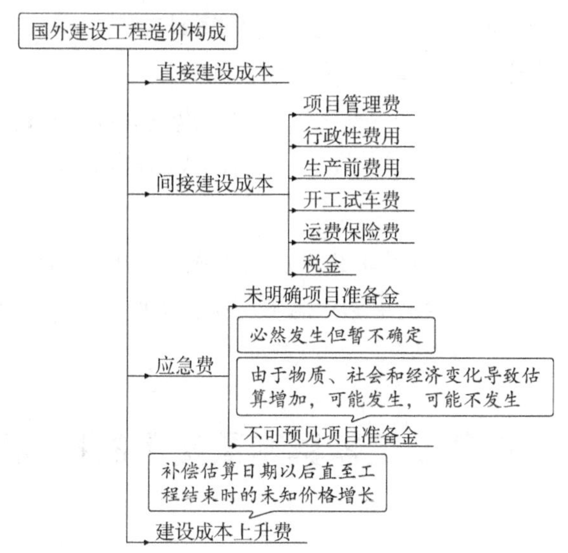

考题直通

本考点常考题型为两类：一类是区分直接建设成本和间接建设成本，由于直接建设成本费用项目繁多，完全掌握难度很大，建议考生只掌握间接建设成本，达到区分两者的目的；另外一类是考核未明确项目准备金、不可预见准备金和建设成本上升费的作用。

经典真题

1. 根据世界银行对建设工程造价构成的规定，只能作为一种储备，可能不动用的费用是（　　）。

A. 未明确项目准备金　　B. 基本预备费

C. 不可预见准备金　　D. 建设成本上升费用

【答案】C

【解析】本题考核国外建设工程造价构成。B选项，基本预备费为我国建设项目总投资的组成部分，应首先排除；考生应特别注意区分A、C、D选项，未明确项目准备金用于估算时不能明确但必然要发生的项目；不可预见准备金只是一种储备，可能发生也可能不发生；建设成本上升费用于补偿未知价格增长，故A、B、D错。

2. 根据世界银行对工程项目总建设成本的规定，下列费用应计入项目间接建设成本的是（　　）。

A. 临时公共设施及场地的维持费　　B. 建筑保险和债券费

C. 开工试车费　　D. 土地征购费

【答案】C

【解析】本题考核国外建设工程造价构成。国外建设工程造价由直接建设成本、间接建设成本、应急费与建设成本上升费四部分组成，区分直接建设成本与间接建设成本为难点，本题 A、B、D 选项所列费用均属于直接建设成本。

3. 国外建设工程造价构成中，反映工程造价估算日期至工程竣工日期之前，工程各个主要组成部分的人工、材料和设备等未知价格增长部分是（　　）。

A. 直接建设成本　　B. 建设成本上升费

C. 不可预见准备金　　D. 未明确项目准备金

【答案】B

【解析】本题考核国外建设工程造价构成。建设成本上升费用于补偿未知价格增长；不可预见准备金只是一种储备，可能发生也可能不发生；未明确项目准备金用于估算时不能明确但必然要发生的项目。

第二节　设备及工器具购置费用的构成和计算

一、框架体系

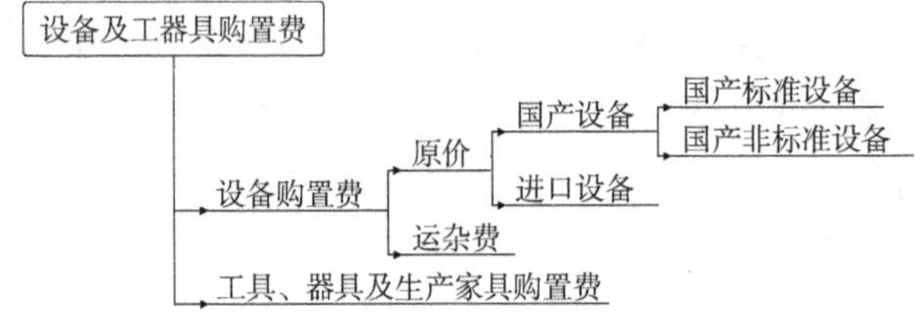

二、考点预测

1. 设备及工器具购置费用的构成及意义。
2. 国产非标准设备原价的计算。
3. 进口设备交易价格的分类及双方风险、义务的划分。
4. 进口设备原价的计算。
5. 设备运杂费的组成及具体内容。

三、考点详解

考点一、设备及工器具购置费的组成

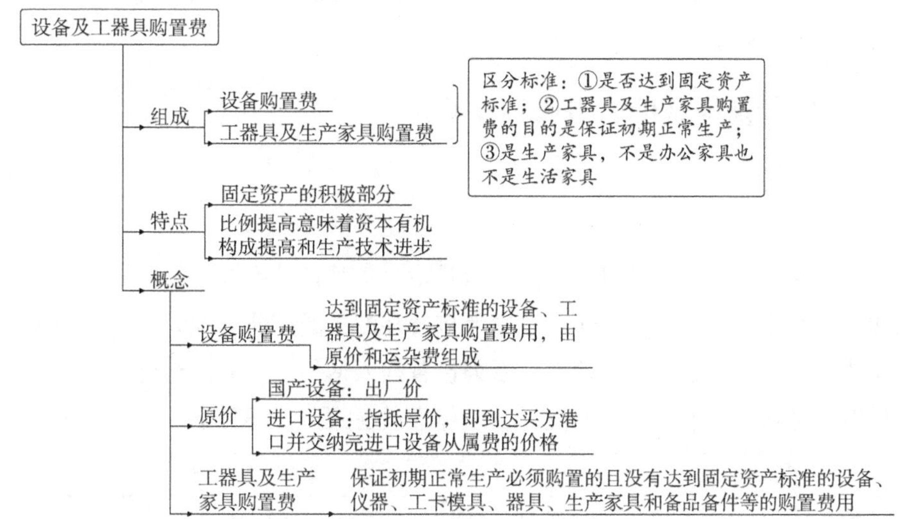

经典真题

1. 关于设备原价的说法，正确的是（　　）。

A. 进口设备的原价是指其到岸价

B. 国产设备原价应通过查询相关交易价格或向生产厂家询价获得

C. 设备原价通常包括备品备件费在内

D. 设备原价占设备购置费比重增大，意味资本有机构成的提高

【答案】 C

【解析】 本题考核设备购置费相关概念。设备原价应区分国产设备和进口设备，国产设备原价为出厂价，而进口设备原价为抵岸价，即离岸价、国际运费、运输保险费与进口从属费用之和，故A选项错；国产设备原价一般根据生产厂家或供应商的询价、报价、合同价确定但国产非标准设备一般无法通过询价获得价格，故B选项错；设备原价通常包括备品备件费在内，备品备件费指设备购置时随设备同时订货的首套备品备件所发生的费用，故C选项正确；生产性建设项目主要靠设备发挥作用，生产出预期的产品，所以设备及工器具购置费占工程造价的比重增大，意味着生产技术进步和资本有机构成的提高，并不体现于设备原价占设备购置费比例，故D选项错。

2. 关于设备及工器具购置费用，下列说法中正确的是（　　）。

A. 它是由设备购置费和工具、器具及生活家居购置费组成

B. 它是固定资产投资中的消极部分

C. 在工业建设中，它占工程造价比重的增大意味着生产技术的进步

D. 在民用建设中，它占工程造价比重的增大意味着资本有机构成的提高

【答案】C

【解析】本题考核设备及工器具购置费的相关知识。设备及工器具购置费是由设备购置费和工器具及生产家具购置费组成，是固定资产投资中的积极部分；工业项目即生产性建设项目，设备及工器具购置费用的增大，意味着生产技术的进步，而在民用建设中，该比重并不能体现生产技术的进步。

考点二、国产设备原价的组成和计算

考题直通

设备原价分为国产设备和进口设备，一般是指含备品备件费在内的价格。国产设备又分为国产标准设备和非标准设备，历年真题中考核较多的是国产非标准设备原价的组成和计算方法，具体计算方法有成本计算估价法、系列设备插入估价法、分部组合估价法、定额估价法。考核最多的是利用成本计算估价法计算非标准设备原价。详见下表。

项目	费用名称	计算方法
组成	①材料费	材料净重×（1+加工损耗系数）×每吨材料综合价
	②加工费	设备总重量（吨）×设备每吨加工费
	③辅助材料费	设备总重量×辅助材料费指标
	④专用工具费	以①～③项之和为基数乘以一定百分比
	⑤废品损失费	以①～④项之和为基数乘以一定百分比
	⑥外购配套件费	原价加运杂费
	⑦包装费	以①～⑥项之和为基数乘以一定百分比
	⑧利润	以①～⑤项加第⑦项之和为基数乘以一定百分比
	⑨税金（销项税）	销售额×增值税率，销售额为①～⑧项之和
	⑩非标准设备设计费	按收费标准计算
计算	{[（材料费+加工费+辅助材料费）×（1+专用工具费率）×（1+废品损失费率）+外购配套件费]×（1+包装费率）－外购配套件费}×（1+利润率）+外购配套件费+销项税额+非标准设备设计费	

注：利润的计算基数不含外购配套件费，税金的计算基数不含非标准设备设计费。

经典真题

1. 采用成本计算估价法计算国产非标准设备的原价时，下列费用中应作为利润计算基础的有（　　）。

A. 加工费　　B. 辅助材料费　　C. 废品损失费　　D. 外购配套件费

E. 包装费

【答案】ABCE

【解析】详见考点直通表格。

2. 某国内设备制造厂生产某台非标准设备的生产制造成本及包装费用为 20 万元，外购配套件费为 3 万元，利润率为 10%，增值税率为 13%，则生产该台设备的利润为（ ）万元。

A. 2.00　　B. 2.26　　C. 2.30　　D. 2.60

【答案】A

【解析】本题考核国产非标设备原价的计算。利润的计算基数为材料费、加工费、辅助材料费、专用工具费、废品损失费和包装费之和，不含外购配套件费。另外，该知识点需要注意，增值税的计税基数不含非标准设备设计费。计算过程：20×10% =2.00（万元）。

考点三、进口设备交易价格及原价的计算

（一）进口设备交易价格

不同交易价格下买卖双方其他义务见下表：

义务	FOB（离岸价）	CFR（运费在内价）	CIF（到岸价）
装运港装船	卖方	卖方	卖方
出口许可证	卖方	卖方	卖方
租船定舱、付运费	买方	卖方	卖方
运输保险费	买方	买方	卖方
进口许可证	买方	买方	买方
途经他国海关手续	买方	买方	买方
目的港受领货物	买方	买方	买方
装船后的风险	买方	买方	买方

考题直通

本知识点需要掌握进口设备广泛使用的交易价格、各交易价格的费用构成及不同交易价格下买卖双方的义务。

（1）进口设备广泛采用的交易价格及费用构成如下：

①FOB（离岸价）：即设备货价，卖方只负责将货物装上指定船只。

②CFR（运费在内价）：卖方不仅负责将货物装上指定船只，还负责支付国际运费。

③CIF（成本加运费、保险费）：即到岸价，卖方不仅负责将货物装上指定船只，还负责支付运费及最低级别的运输保险费。

（2）通过上表，买卖双方的义务可总结如下：

①无论采用何种交易价格，装运港装船、办理出口手续均是卖方应承担的义务。

②无论采用何种交易价格，办理进口手续、途径他国海关手续、目的港受领货物及装船后的风险均是买方应承担的义务。

③租船订舱、支付运费及运输保险费取决于采用何种交易价格，一般是谁支付运费谁负责租船订舱。

（二）进口设备原价的计算

考题直通

进口设备原价由离岸价、国际运费、运输保险费（以上三项费用称为到岸价）和进口设备从属费组成。进口设备从属费由银行财务费、外贸手续费、关税、消费税、增值税和进口车辆购置税组成，可以简记为两费四税。历年真题常考题型为各项费用的计算基数及具体应用。计算方法详见下表：

<table>
<tr><th colspan="3">费用名称</th><th>计算公式</th></tr>
<tr><td rowspan="9">抵岸价（即进口设备原价）</td><td rowspan="3">到岸价</td><td>离岸价</td><td>即设备货价</td></tr>
<tr><td>国际运费</td><td>货价 × 运费率
或单位运价 × 重量</td></tr>
<tr><td>运输保险费</td><td>$\frac{货价 + 国际运费}{1 - 保险费率} \times$ 保险费率</td></tr>
<tr><td rowspan="6">进口设备从属费</td><td>银行财务费</td><td>离岸价 × 银行财务费率</td></tr>
<tr><td>外贸手续费</td><td>到岸价 × 外贸手续费率</td></tr>
<tr><td>关税</td><td>到岸价（关税完税价格）× 进口关税税率</td></tr>
<tr><td>消费税</td><td>$\frac{到岸价 + 关税}{1 - 消费税税率} \times$ 消费税税率</td></tr>
<tr><td>进口环节增值税</td><td>（到岸价 + 关税 + 消费税）× 增值税税率</td></tr>
<tr><td>车辆购置税</td><td>（到岸价 + 关税 + 消费税）× 车辆购置税率</td></tr>
<tr><td rowspan="3">计算基数</td><td colspan="2">离岸价</td><td>银行财务费、国际运费——（银行运输）</td></tr>
<tr><td colspan="2">到岸价</td><td>关税、外贸手续费、运输保险费——（关外险）</td></tr>
<tr><td colspan="2">到岸价 + 关税 + 消费税</td><td>车辆购置税、增值税、消费税——（车辆增值消费税）</td></tr>
</table>

注：本表需要理解运输保险费的计算公式，该费用计算基数为离岸价、国际运费和运输保险费之和，即运输保险费的计算基数包含运输保险费本身。消费税的计算公式原理与之相同。

经典真题

1. 国际贸易双方约定费用划分与风险转移均以货物在装运港被装上指定船只时为分界点，该种交易价格被称为（　　）。

A. 离岸价　　B. 运费在内价　　C. 到岸价　　D. 抵岸价

【答案】 A

【解析】 本题考核进口设备费用划分与风险转移分界点。进口设备交易价格分为三种，即离岸价、运费在内价和到岸价，离岸价即设备货价，卖方负责将货物装上指定船只，但不负责支付运费；运费在内价指卖方负责支付货物运至买方指定目的港所需运费；到岸价指卖方不仅需要支付运费，还需要负责办理货物在运输途中所需最低级别的保险。而抵岸价不是进口设备交易价格，是货物到达买方港口缴纳完各种进口设备从属费的价格，即进口设备原价。进口设备无论采用哪种交易价格，风险都是从货物装上指定船只时开始由卖方转移到买方，故只有离岸价的费用划分与风险转移的分界点一致。

2. 构成进口设备原价的费用项目中，应以到岸价为计算基数的有（　　）。

A. 国际运费　　B. 进口环节增值税

C. 银行财务费　　D. 外贸手续费

E. 进口关税

【答案】DE

【解析】详见考点直通表格。

3. 某应纳消费税的进口设备到岸价为1800万元，关税税率为20%，消费税税率为10%。增值税税率为16%，则该台设备进口环节增值税额为（　　）万元。

A. 316.80　　B. 345.60　　C. 380.16　　D. 384.00

【答案】D

【解析】本题考核进口设备购置费的计算。增值税计算基数为到岸价、关税、消费税三项费用之和。计算过程：1800×1.2/(1－10%)×16%＝384.00万元。

考点四、设备运杂费的构成和计算

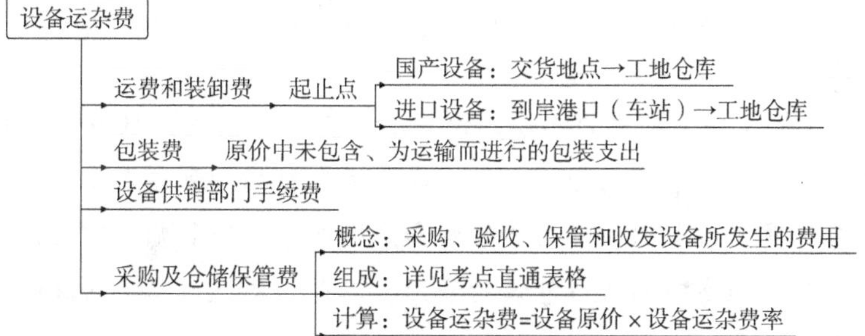

考题直通

本考点需要注意采购及仓储保管费的费用组成项目。采购及仓储保管费包括设备采购人员、保管人员和管理人员的工资、工资附加费、办公费、差旅交通费，设备供应部门办公和仓库所占固定资产使用费、工具用具使用费、劳动保护费、检验试验费等。此处费用项目较多，理解即可，无须记忆。注意与本章第三节中的企业管理费区分，两部分费用的费用项目相似，但服务主体不同。

经典真题

1. 下列费用中应计入设备运杂费的有（　　）。

A. 设备保管人员的工资

B. 设备采购人员的工资

C. 设备自生产厂家运至工地仓库的运费、装卸费

D. 运输中的设备包装支出

E. 设备仓库所占用的固定资产使用费

【答案】ABDE

【解析】本题考核设备运杂费的内容。设备运杂费是指国内采购设备自来源地、国外采购设备自到岸港运至工地仓库或指定堆放地点发生的采购、运输、运输保险、保管、装卸等费用。通常包括运输和装卸费、包装费、设备供销部门的手续费、采购与仓库保管费。选项C 错误，运费、装卸费要区分国产设备和进口设备，国产设备指由设备制造厂交货地点起至工地仓库（或施工组织设计指定的需要安装设备的堆放地点）止所发生的运费和装卸费；进口设备指由我国到岸港口或边境车站起至工地仓库（或施工组织设计指定的需安装设备的堆放地点）止所发生的运费和装卸费。ABE 选项属于采购与仓库保管费；D 选项属于包装费。

2. 关于设备运杂费的构成及计算的说法中，正确的有（　　）。

A. 运费和装卸费是由设备制造厂交货地点至施工安装作业面所发生的费用

B. 进口设备运杂费是由我国到岸港口或边境车站至工地仓库所发生的费用

C. 原价中没有包含的、为运输而进行包装所支出的各种费用应计入包装费

D. 采购与仓库保管费不含采购人员和管理人员的工资

E. 设备运杂费为设备原价与设备运杂费率的乘积

【答案】BCE

【解析】本题考核设备运杂费的内容。设备运杂费应区分国产设备和进口设备，国产设备运杂费指由采购地至工地仓库的费用，进口设备运杂费指由到岸港至工地仓库的费用，包括运费装卸费、包装费、设备供销部门手续费和采购与仓储保管费。需要注意两点：一是包装费指原价中没有包含为运输而进行包装的费用；二是设备进入工地仓库的保管费计入运杂费中的采购与仓储保管费。

第三节　建筑安装工程费用的构成和计算

一、框架体系

建筑安装工程费的构成和计算

- 建筑安装工程费的构成
- 按费用构成要素划分
- 按造价形成划分
- 国外建安费构成

二、考点预测

1. 建筑工程费和安装工程费的组成内容。
2. 材料费的组成内容。
3. 企业管理费、规费的组成内容。
4. 增值税的计算方法及具体规定。
5. 措施项目费的分类、计量单位及公式。
6. 其他项目费的分类及各组成部分的作用。
7. 国外建筑安装工程费的构成及各组成部分内容。

三、考点详解

考点一、按费用构成要素划分建筑安装工程费的构成和计算

<table>
<tr><th>按构成要素划分</th><th>按造价形成划分</th></tr>
<tr><td>人工费
材料费
施工机具使用费
企业管理费
利润</td><td>分部分项工程费
措施项目费
其他项目费</td></tr>
<tr><td colspan="2">规费</td></tr>
<tr><td colspan="2">税金</td></tr>
</table>

（一）人工费

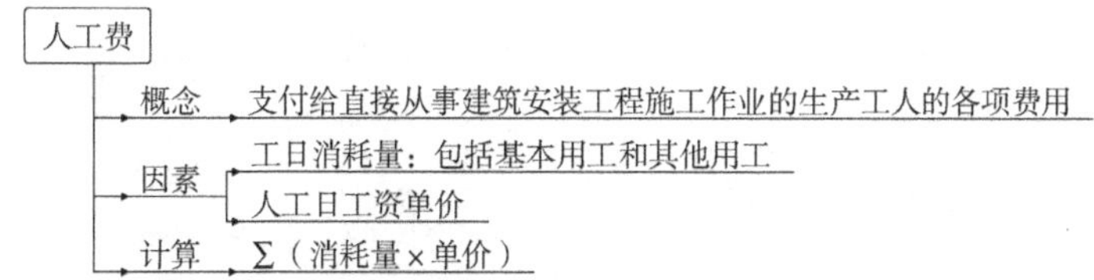

考题直通

人工费是指支付给直接从事建筑安装工程施工作业人员的各项费用，不含管理人员费用，人工费的具体构成详见本书第二章第四节。

（二）材料费

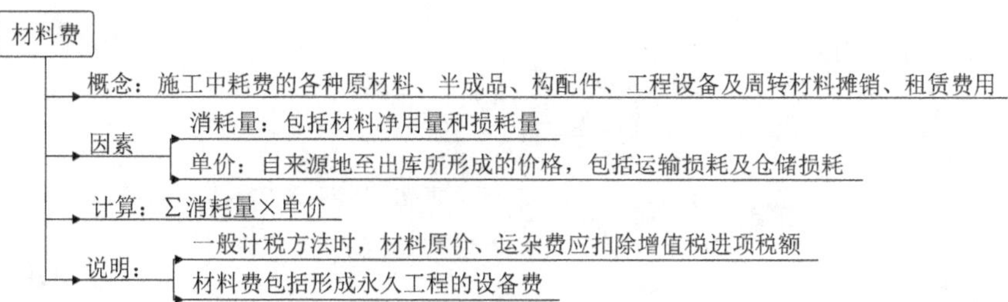

考题直通

影响材料费的主要因素有消耗量和单价，消耗量一般不等于净用量，是净用量和损耗量的总和；单价指的是出库价，由原价和运杂费构成。材料消耗量的相关知识点详见本书第二章第三节，材料单价的相关知识点详见本书第二章第四节。

（三）施工机具使用费

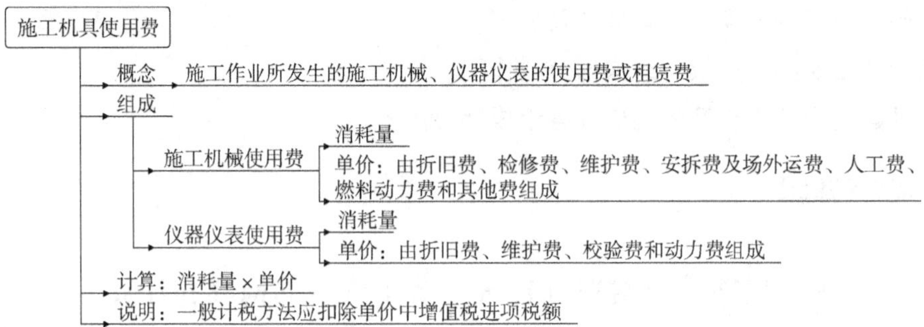

考题直通

本知识点注意区分构成施工机械使用费和仪器仪表使用费台班单价的费用项目异同点，各项费用的计算详见第二章第四节相关知识点。

（四）企业管理费

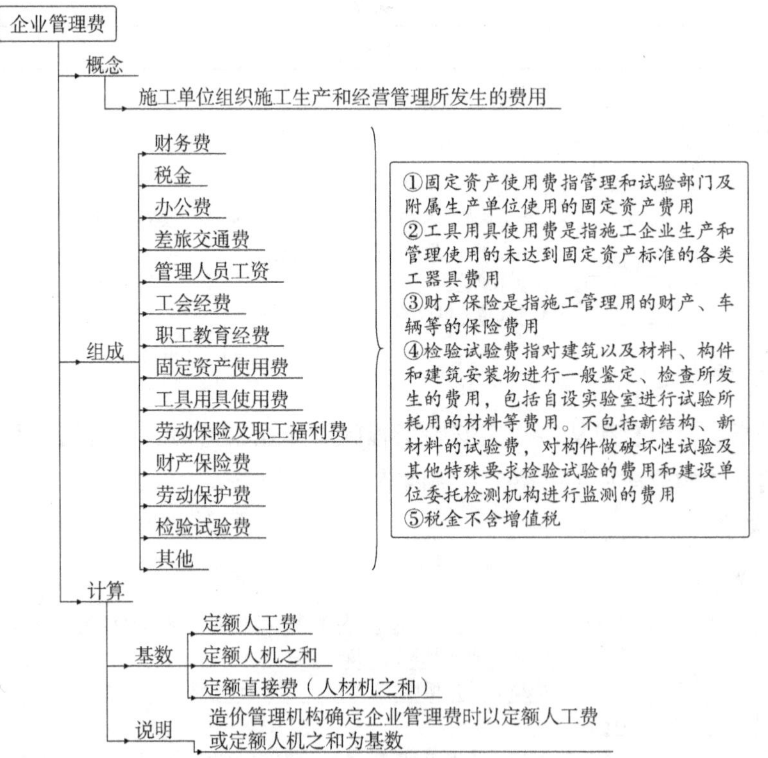

考题直通

本知识点重点考核题型有三类：①企业管理费费用项目组成，每项费用取一个字，可以简记为“财税公差管经费，使用保险保试验”；②某项费用的具体含义及组成内容，需要注意的知识点详见上图注解部分；③不同项目参与方（招标人、投标人、造价管理机构）确定企业管理费的计算基数。

（五）利润

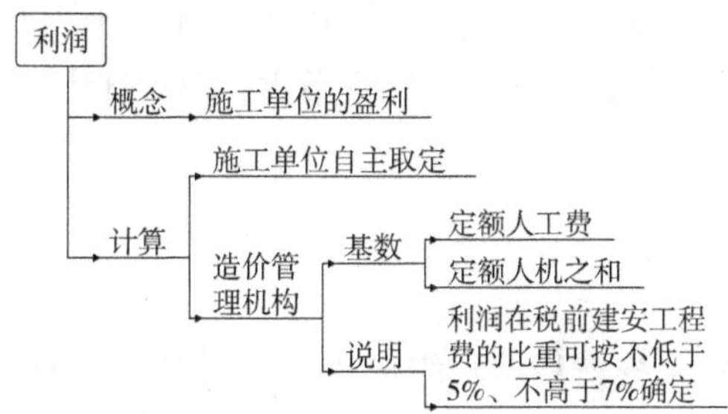

考题直通

本知识点需要注意的是，造价管理机构确定利润时，利润在税前建安工程费的比重介于5%～7%，而不是利润率介于5%～7%。

（六）规费

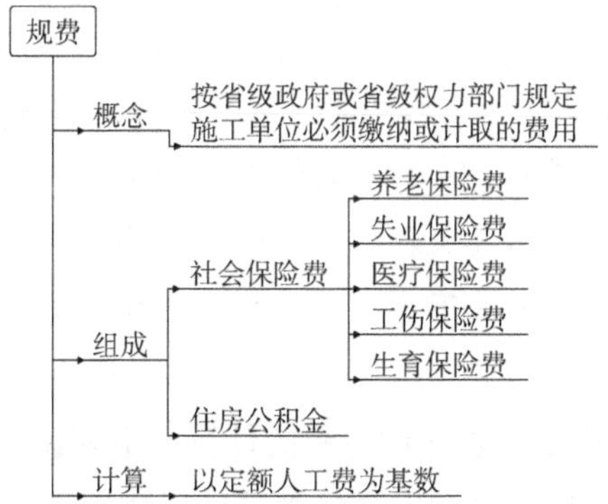

考题直通

本知识点考核重点为规费的费用项目组成，要与企业管理费及工程建设其他费（第一章第四节）中的费用项目区分清楚。

（七）税金

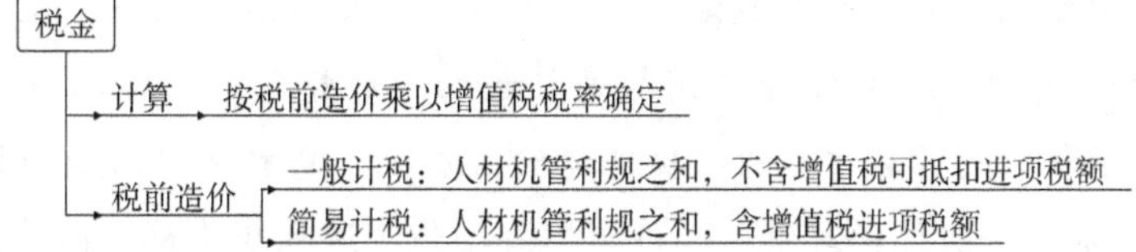

简易计税适用情况
- 甲供工程
- 清包工
- 老项目 —— 施工许可证或合同注明的开工日期在2016年4月30号之前
- 小规模纳税人
  - 年应征增值税销售额未超过500万元，且会计核算不健全
  - 年应税销售额超过500万元，但不经常发生应税行为

考题直通

本知识点要求考生掌握一般计税和简易计税模式下的税前造价的组成及简易计税的适用情形，虽然该考点在本书中考核频率和分值比重不大，但该知识点与案例分析结合紧密，考生务必掌握。

经典真题

1. 根据现行的建筑安装工程费用项目组成规定，下列关于施工企业管理费中工具用具使用费的说法正确的是（　　）。

A. 指企业管理使用，而非施工生产使用的工具用具使用费

B. 指企业施工生产使用，而非企业管理使用的工具用具使用费

C. 采用一般计税方法时，工具用具使用费中的增值税进项税额可以抵扣

D. 包括各类资产标准的工具用具的购置、维修和摊销费用

【答案】 C

【解析】 本题考核工具用具使用费的定义。工具用具使用费是指企业施工生产和管理使用的不属于固定资产的工具、器具、家具、交通工具和检验、试验、测绘、消防用具等的购置、维修和摊销费。注意，工具用具使用费是在生产和管理过程中产生的，而且是不属于固定资产的部分；另外，一般计税方法下，工具用具的购置费用和维修费用的进项税是可以抵扣的。

2. 关于建筑安装工程费用中建筑业增值税的计算，下列说法中正确的是（　　）。

A. 当事人可以自主选择一般计税法或简易计税法计税

B. 一般计税法、简易计税法中的建筑业增值税税率均为 9%

C. 采用简易计税法时，税前造价不包含增值税的进项税额

D. 采用一般计税法时，税前造价不包含增值税的进项税额

【答案】 D

【解析】 本题考核增值税的相关规定及计算方法。主要有以下几点：①增值税的计税方式分为一般计税和简易计税，要掌握适用简易计税的几种情形，关键词为“清包甲供老小规”；②增值税销项税额的计算方式均以税前造价为基数，需要注意的是一般计税和简易计税下税前造价的区别，一般计税时税前造价为不含增值税进项税价格，简易计税时税前造价为含增值税进项税价格。

3. 根据现行建筑安装工程费用项目组成的规定，下列费用项目中，属于施工机具使用费的是（　　）。

A. 仪器仪表使用费　　B. 施工机械财产保险费

C. 大型机械进出场费　　D. 大型机械安拆费

【答案】A

【解析】本题考核施工机具使用费内容。施工机具使用费含施工机械和仪器仪表的费用，包括使用费和租赁费。施工机械使用费由折旧费、检修费、维护费、安拆费及场外运费、人工费、燃料动力费和其他费用组成；仪器仪表使用费由折旧费、维护费、校验费和动力费组成。施工机械财产保险应列入企业管理费中；大型机械进出场费及安拆费属于措施项目费内容。

4. 下列费用中，属于建筑安装工程费中企业管理费的有（　　）。

A. 施工机械年保险费　　B. 劳动保护费

C. 工伤保险费　　D. 财产保险费

E. 工程保险费

【答案】BD

【解析】本题考核企业管理费的组成和计算。施工机械保险费计入机械台班单价中；工伤保险属于规费；工程保险列入工程建设其他费中。

考点二、按造价构成划分建筑安装工程费用项目构成和计算

建筑安装工程费按造价形成划分与《工程量清单计价规范》联系紧密，依据《全国一级造价工程师职业资格考试大纲》要求，本科目对该点考核频率较高，故本书对分部分项工程费、措施项目费、其他项目费、规费及税金的相关知识点进行整合，集中在第二章第二节进行介绍。故在本书学习过程中，涉及上述五部分费用时，在相应章节归纳知识点可能不够全面，应结合第二章第二节相关知识点进行系统学习。

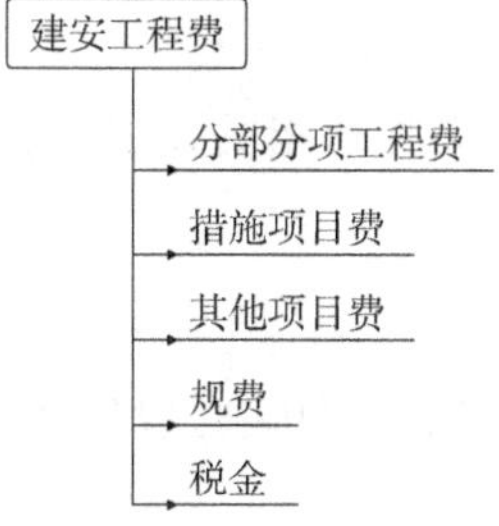

（一）分部分项工程费

分部分项工程费

- 计算　∑分部分项工程量×综合单价
- 说明　综合单价包括人材机管利及一定范围内的风险费用

（二）措施项目费

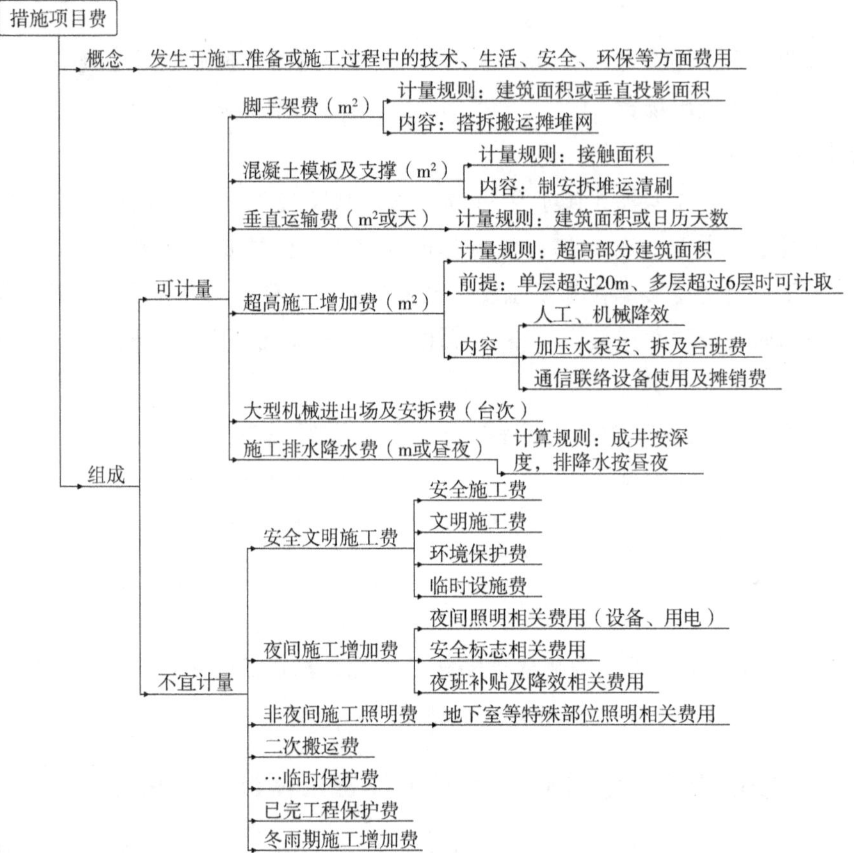

考题直通

本知识点为该科目的高频考点，具体考核方式有：①措施项目费的费用项目构成，一共列举 13 项费用，费用名称需要掌握；②区分措施项目费是可计量措施项目还是不宜计量措施项目；③某项措施项目费的作用及相关规定，特别注意区分安全文明施工费中某项具体费用的归属问题。

（三）其他项目费（详见第二章第二节相关知识点）。

经典真题

1. 下列费用中，属于安全文明施工费中临时设施费的是（　　）。

A. 现场配备的医疗保健器材费

B. 塔式起重机及外用电梯安全防护措施费

C. 临时文化福利用房费

D. 新建项目的场地准备费

【答案】 C

【解析】 本题考核安全文明施工费中各项费用的归属。A 选项：现场配备的医疗保健器材费属于文明施工费。B选项：塔式起重机及外用电梯安全防护措施费属于安全施工费。D选项：新建项目的场地准备费应在工程建设其他费中列支。

2. 根据现行建筑安装工程费用项目组成规定，下列费用项目属于按造价形成划分的是（　　）。

A. 人工费　　B. 企业管理费　　C. 利润　　D. 税金

【答案】D

【解析】本题考核我国建筑安装工程费按不同划分形式的组成。按构成要素分为七部分，分别为人工费、材料费、施工机具使用费、企业管理费、利润、规费和税金；按造价形成分为分部分项工程费、措施项目费、其他项目费、规费和税金五部分；不难看出，无论何种划分方式，规费和税金都是单列的，由此得出结论，人工费、材料费、施工机具使用费、管理费和利润五部分费用与分部分项工程费、措施项目费、其他项目费三部分在数量上是等同的。

3. 应予计量的措施项目费包括（　　）。

A. 垂直运输费　　B. 排水、降水费

C. 冬雨季施工增加费　　D. 临时设施费

E. 超高施工增加费

【答案】ABE

【解析】本题考核措施项目按是否应予计量进行分类。应予计量的措施项目：（大水超高直架板）大型机械设备进出场及安拆费，施工排水、降水费，超高施工增加费，垂直运输费，脚手架费，混凝土模板及支架（撑）费；不宜计量的措施项目：（夜间保护二冬安）夜间施工增加费，非夜间施工照明费，地上、地下设施、建筑物的临时保护设施费，已完工程及设备保护费，二次搬运费，冬雨季施工增加费，安全文明施工费等。

考点三、国外建筑安装工程费费用的构成

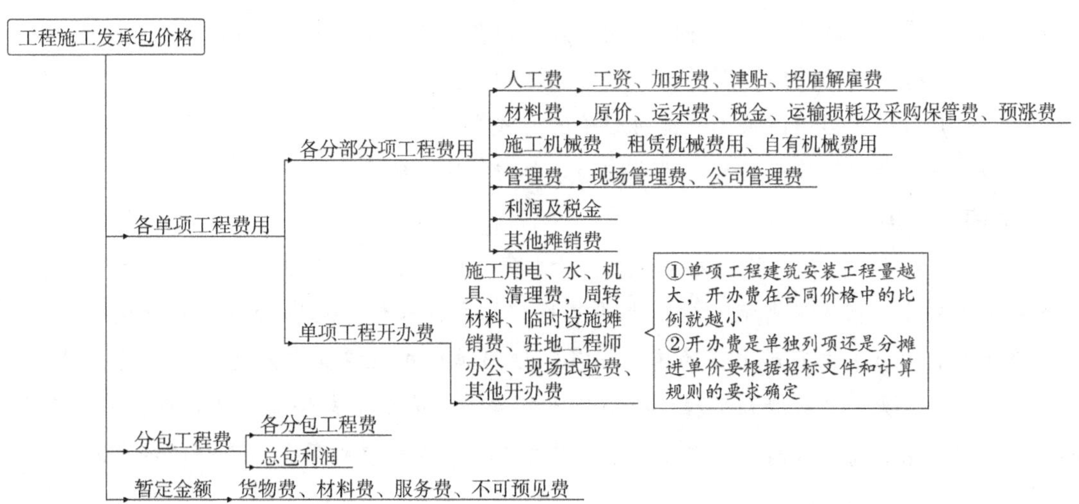

考题直通

本考点下还需要注意的问题有：①分部分项工程费用中人工费、材料费、施工机具使用费合并称为直接费，直接费中，人工费含招雇解雇费、材料费含预涨费；②注意区分管理费和直接费的划分边界，给出一项具体费用要能够准确判断属于直接费还是管理费；③国外工程发承包价格的费用组成形式分为组成分部分项工程的单价（即人、材、机费用）、单独列项（开办费中一些费用项目）和分摊进单价（管理费、利润、税金和开办费中一些费用项目）三种形式。

经典真题

1. 根据国外建筑安装工程费的构成规定，工程施工中的周转材料费应包含在（　　）中。

A. 材料费　　B. 暂定金额

C. 开办费　　D. 其他摊销费

【答案】 C

【解析】 本题考核国外建筑安装工程费的组成内容。国外建筑安装工程中的周转材料费应包含在单项工程开办费中。

2. 根据国外建筑安装工程费用的构成，施工工人的招雇解雇费用一般计入（　　）。

A. 直接工程费　　B. 现场管理费

C. 公司管理费　　D. 开办费

【答案】 A

【解析】 本题考核国外建筑安装工程费的构成。要重点关注国外建筑安装工程费与我国的不同点，例如国外的人工费含招雇解雇费，材料费含预涨费。

3. 关于国外建筑安装工程费用中的开办费，下列说法正确的有（　　）。

A. 开办费项目可以按单项工程分别单独列出

B. 单项工程建筑安装工程量越大，开办费在工程价格中的比例越大

C. 开办费包括的内容因国家和工程的不同而异

D. 开办费项目可以采用分摊进单价的方式报价

E. 第三者责任险投保费一般应作为开办费的构成内容

【答案】 ACD

【解析】 本题考核开办费相关知识点。开办费一般是在各分部分项工程造价的前面按单项工程分别列出，但并不是绝对的，需要根据招标文件和计算规则确定，有时也分摊进单价；开办费的内容因国家和工程的不同而异，但与单项工程建筑安装工程量的关系是确定的，即工程量越大，开办费在工程价格中的比例越小。第三者责任险并不在开办费中列支，属于施工机械第三者责任险的，在施工机械费中列支，属于其他第三者责任险的，在管理费中列支。

第四节 工程建设其他费用的构成和计算

一、框架体系

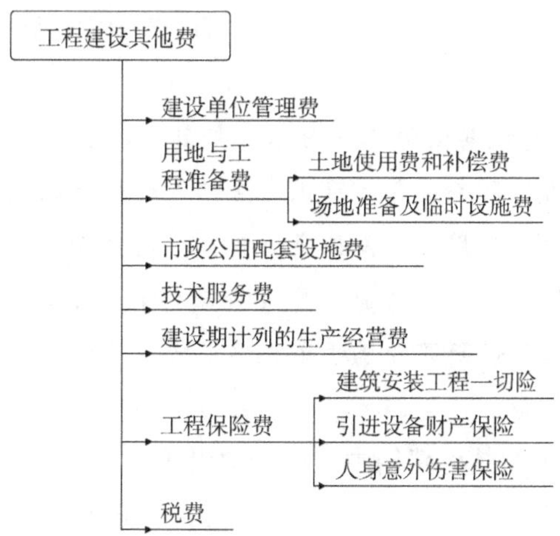

二、考点预测

1. 建设单位管理费的组成内容。
2. 土地使用费和补偿费的内容及具体规定。
3. 场地准备及临时设施费计算注意事项。
4. 技术服务费内容及研究试验费内容。
5. 联合试运转费及生产准备费内容。

三、考点详解

考点一、建设单位管理费

考题直通

(1) 内容：建设单位管理费是指项目建设单位从项目筹建之日起至办理竣工财务决算之日止发生的管理性质的支出。包括工作人员薪酬及相关费用、办公费、办公场地租用费、差旅交通费、劳动保护费、工具用具使用费、固定资产使用费、招募生产工人费、技术图书资料费（含软件）、业务招待费、竣工验收费和其他管理性质开支。

(2) 计算：建设单位管理费 = 工程费用 × 建设单位管理费率。

(3) 说明：实行代建制管理的项目，代建管理费等同建设单位管理费，不得同时计列。

委托第三方行使部分管理职能的，支付的管理费或咨询费列入技术服务费项目。

经典真题

1. 根据我国现行建设项目总投资及工程造价的构成，下列有关建设项目费用开支，应列入建设单位管理费是（　　）。

A. 监理费　　B. 竣工验收费

C. 可行性研究费　　D. 节能评估费

【答案】B

【解析】本题考核工程建设其他费相关内容及归属。建设单位管理费是指项目建设单位从项目筹建之日起至办理竣工财务决算之日止发生的管理性质的支出。包括工作人员薪酬及相关费用、办公费、办公场地租用费、差旅交通费、劳动保护费、工具用具使用费、固定资产使用费、招募生产工人费、技术图书资料费（含软件）、业务招待费、竣工验收费和其他管理性质开支。监理费及可行性研究费属于委托第三方产生的技术服务费，节能评估费属于技术服务费当中的专项评价费。

2. 下列与项目建设有关的其他费用中，属于建设单位管理费的有（　　）。

A. 技术图书资料费　　B. 业务招待费

C. 工程监理费　　D. 场地准备费

E. 招募生产工人费

【答案】ABE

【解析】本题考核建设单位管理费。建设管理费内容建议考生掌握，工程监理费属于技术服务费，场地准备费属于场地准备及临时设施费。

考点二、用地与工程准备费

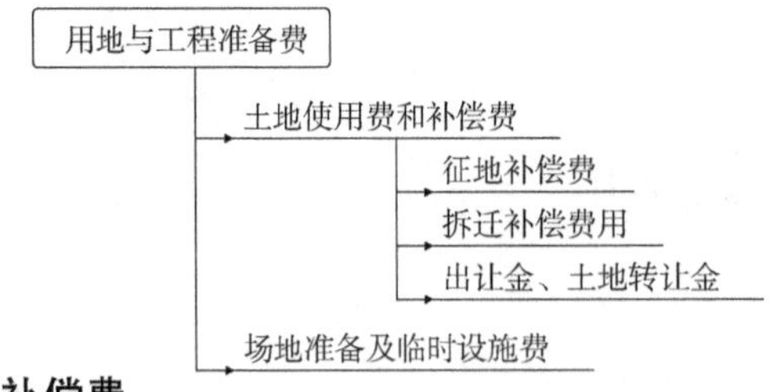

（一）土地使用费和补偿费

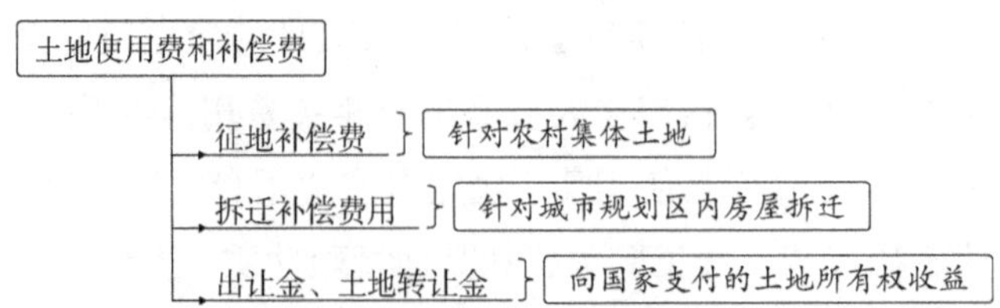

考题直通

土地使用费和补偿费分为征地补偿费、拆迁补偿费和土地出让金（转让金）。征地补偿费针对的是农村集体土地；拆迁补偿费针对的是城市规划区内的房屋拆迁；另外要注意区分征地补偿费和拆迁补偿费的具体费用项目组成。是否需要支付土地出让金（转让金）与获得土地使用权的方式有关，如果是行政划拨方式取得土地使用权，则不需要支付土地出让金，如果是以出让、转让或租赁方式取得的土地使用权，则需要支付土地出让金。

征地补偿费知识点总结

	费用名称	补偿对象	补偿主体	备注
征地补偿费	土地补偿费	征用耕地的补偿费	农村集体经济组织	—
	青苗补偿费和地上附着物补偿费	正在生长的农作物受到损害的补偿	集体或个人	协商征地方案后抢种的农作物、树木等，一律不予补偿
	安置补助费	劳动力安置与培训的支出	被征地单位和安置劳动力的单位	—
	耕地开垦费和森林植被恢复费、生态补偿与压覆矿产资源补偿费、其他补偿费			

（二）场地准备及临时设施费

建设项目场地准备费是指为使工程项目的建设场地达到开工条件，由建设单位组织进行的场地平整等准备工作而发生的费用。

建设单位临时设施费是指建设单位为满足施工建设需要而提供的未列入工程费用的临时水、电、路、信、气、热等工程和临时仓库等建（构）筑物的建设、维修、拆除、摊销费用或租赁费用，以及货场、码头租赁等费用。

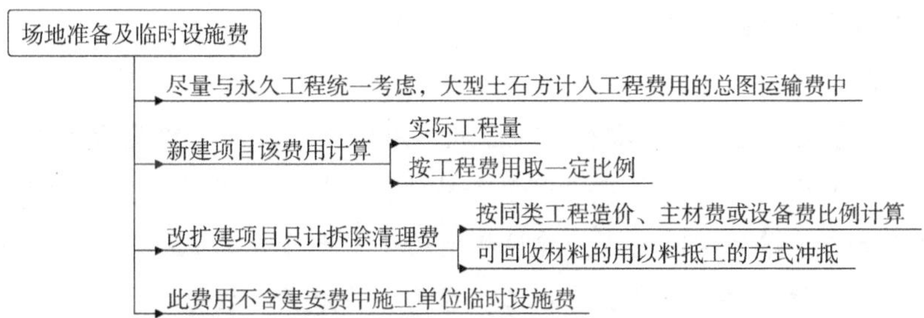

考题直通

本知识点主要考核场地准备及临时设施费的概念以及计算时应注意的问题。

经典真题

1. 关于建设项目场地准备和建设单位临时设施费的计算，下列说法正确的是（　　）。

A. 改扩建项目一般应计工程费用和拆除清理费

B. 凡可回收材料的拆除工程应采用以料抵工方式冲抵拆除清理费

C. 新建项目应根据实际工程量计算，不按工程费用的比例计算

D. 新建项目应按工程费用比例计算，不根据实际工程量计算

【答案】B

【解析】本题考核场地准备及临时设施费。场地准备及临时设施费指建设单位为达到开工条件而进行场地准备等工作发生的费用。该项费用计算需要注意的四点问题：一是场地准备及临时设施与永久工程统一考虑；二是新建工程的场地准备及临时设施应该根据实际工程量计算，或按工程费用比例计算，改扩建项目只计拆除清理费；三是拆除清理费按新建同类工程造价、主材费或设备费比例计算，拆除回收的材料采用以料抵工的方式冲减拆除清理费；四是该费用不含已列入建安工程费中的施工单位临时设施费。

2. 下列与建设用地有关的费用中，归农村集体经济组织所有的是（　　）。

A. 土地补偿费　　B. 青苗补偿费

C. 拆迁补偿费　　D. 安置补助费

【答案】A

【解析】本题考核建设用地费相关知识。土地补偿费是对农村集体经济组织因土地被征用而造成的经济损失的一种补偿。土地补偿费归农村集体经济组织所有；青苗补偿费谁种归谁所有，农民自行承包的土地应付给本人，属于集体种植的纳入当年集体收益。安置补助费应支付给被征地单位和安置劳动力的单位，作为劳动力安置与培训的支出，以及作为不能就业人员的生活补助。故 A 选项正确。

3. 下列费用中，应计入工程建设其他费用中用地与工程准备费的有（　　）。

A. 建设场地大型土石方工程费　　B. 土地使用费和补偿费

C. 场地准备费　　D. 建设单位临时设施费

E. 施工单位平整场地费

【答案】BCD

【解析】本题考核用地与工程准备费的组成。用地与工程准备费是指取得土地与工程建设施工准备所发生的费用。包括土地使用费和补偿费、场地准备费、临时设施费等。注意，此处临时设施费为建设单位临时设费；建设场地的大型土石方工程应计入工程费用中的总图运输费用中；施工单位平整场地费应计入工程费用中的建安工程费。

考点三、技术服务费

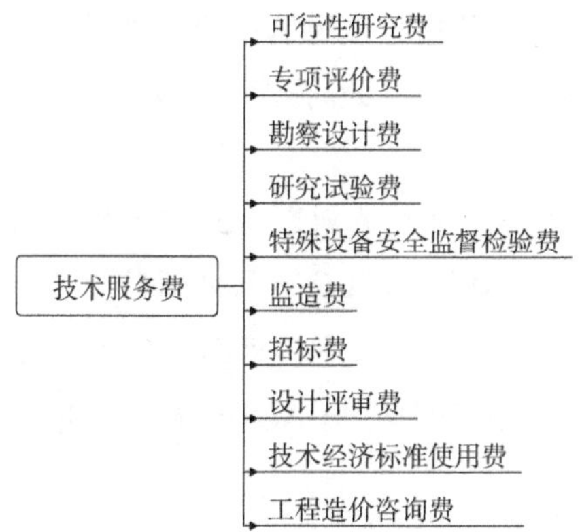

考题直通

本考点除了考核技术服务费的费用项目组成外，还考核某项费用的具体内容，需要注意的知识点如下：

（1）项目建设全部过程中委托第三方提供项目策划、技术咨询、勘察设计、项目管理和跟踪验收评估等技术服务发生的费用均属于技术服务费。

（2）可行性研究费包括项目建议书、预可行性研究、可行性研究发生的费用等。

（3）研究试验费包括的费用项目及未包括的费用项目如下。

包含：为建设项目提供或验证设计参数、数据、资料等进行必要的研究试验，以及设计规定在建设过程中必须进行试验、验证所需的费用。包括自行或委托其他部门的专题研究、试验所需人工费、材料费、试验设备及仪器使用费等。

未包含：①应由科技三项费用（即新产品试制费、中间试验费和重要科学研究补助费）开支的项目；②应在建筑安装费用中列支的施工企业对建筑材料、构件和建筑物进行一般鉴定、检查所发生的费用及技术革新的研究试验费；③应由勘察设计费或工程费用中列支的项目。

经典真题

1. 下列费用中，计入技术服务费中勘察设计费的是（　　）。

A. 设计评审费　　B. 技术经济标准使用费

C. 技术革新研究试验费　　D. 非标准设备设计文件编制费

【答案】 D

【解析】 本题考核勘察设计费的组成内容。勘察设计费包括勘察费和设计费。设计费是指设计人根据发包人的委托，提供编制建设项目初步设计文件、施工图设计文件、非标准设备设计文件、竣工图文件等服务所收取的费用。

2. 关于工程建设其他费用，下列说法中正确的是（　　）。

A. 建设单位管理费一般按建筑安装工程费乘以相应费率计算

B. 研究试验费包括新产品试制费

C. 改扩建项目的场地准备及临时设施费一般只计拆除清理费

D. 市政公用设施费不包括绿化、人防配套设施

【答案】 C

【解析】 本题考核工程建设其他费相关内容，且综合性极强。A 选项，建设单位管理费一般以工程费用为基数乘以一定比例；B 选项，研究试验费不含科技三项费用（新产品试制费、中间试验费和重要科学研究补助费），不含应在建安工程费中列支的检验试验费，也不含应由勘察设计费或工程费用中列支的项目；C 选项正确；D 选项，市政公用设施费包括绿化、人防配套设施。

考点四、建设期计列的生产经营费

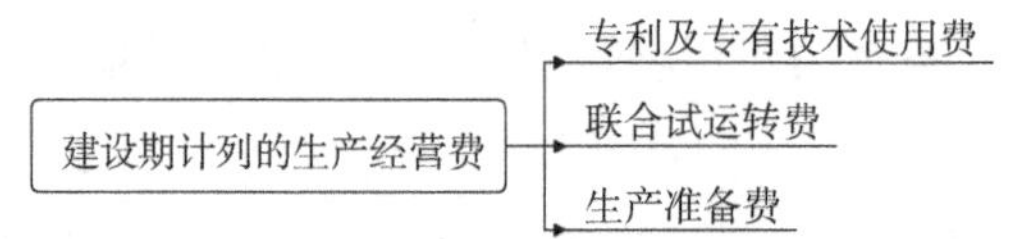

考题直通

本考点主要考核费用项目组成及各项费用的计列规定。

①项目投资中只计需在建设期支付的专利及专有技术使用费。协议或合同规定在生产期支付的使用费应在生产成本中核算。

②联合试运转费是指对整个生产线或装置进行负荷联合试运转所发生的费用净支出（试运转支出大于收入的差额部分费用）。

③试运转支出包括试运转所需原材料、燃料及动力消耗、低值易耗品、其他物料消耗、工具用具使用费、机械使用费、联合试运转人员工资、施工单位参加试运转人员工资、专家指导费，以及必要的工业炉烘炉费等；试运转收入包括试运转期间的产品销售收入和其他收入。

④联合试运转费不包括应由设备安装工程费用开支的调试及试车费用，以及在试运转中暴露出来的因施工原因或设备缺陷等发生的处理费用。

⑤生产准备费指在建设期内，建设单位为保证项目正常生产所做的提前准备工作发生的费用，包括人员培训费、提前进厂费，以及投产使用必备的办公、生活家具用具及工器具等的购置费用。

特别注意要与建设单位管理费结合划分费用项目的边界，如招募生产工人费在建设单位管理费列支；联合试运转人员工资属于联合试运转费，而人员提前进厂及培训费属于生产准备费。

经典真题

根据我国现行建设项目总投资及工程造价的构成，联合试运转费应包括（　　）。

A. 施工单位参加联合试运转人员的工资

B. 设备安装中的试车费用

C. 试运转中暴露的设备缺陷的处理费

D. 生产人员的提前进厂费

【答案】A

【解析】本题考核联合试运转费的内容及注意事项。试运转支出不含单机试运转及无负荷联动试运转，特指负荷试运转净支出，包括试运转所需原材料、燃料及动力消耗、低值易耗品、其他物料消耗、工具用具使用费、机械使用费，联合试运转人员工资、施工单位参加试运转人员工资、专家指导费以及必要的工业炉烘炉费等；试运转收入包括试运转期间的产品销售收入和其他收入。联合试运转费不包括应由设备安装工程费用开支的调试及试车费，以及暴露出来的因施工原因或设备缺陷等发生的处理费用。生产人员提前进厂费属于生产准备费。

考点五、工程保险费、税费

考题直通

本考点注意工程保险费及税金的组成内容，注意以下两点：

（1）工程保险费包括建筑安装工程一切险、引进设备财产保险和人身意外伤害保险；注意区分各类保险的归属。如进口设备运输保险费属于进口设备原价，施工单位支付的劳动保险和财产保险属于企业管理费，为施工机械缴纳的车船税及保险费计入机械台班单价，社会保险费属于规范，征用土地时为失去土地的农民支付的养老保险费属于安置补助费。

（2）税费不包括增值税。

第五节　预备费和建设期利息的计算

一、框架体系

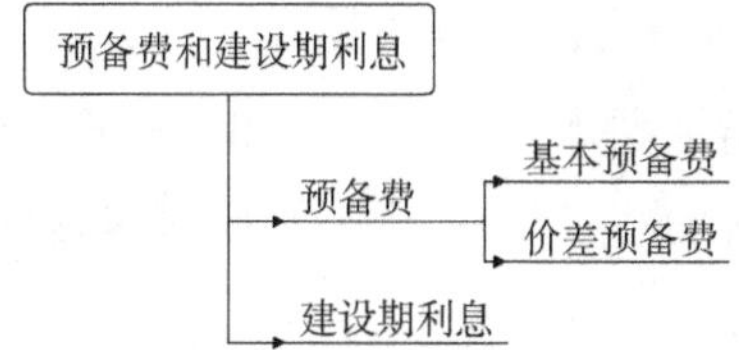

二、考点预测

1. 基本预备费的概念、作用及计算。
2. 价差预备费的作用及计算。
3. 建设期利息的计算。

三、考点详解

考点一、预备费

（一）基本预备费

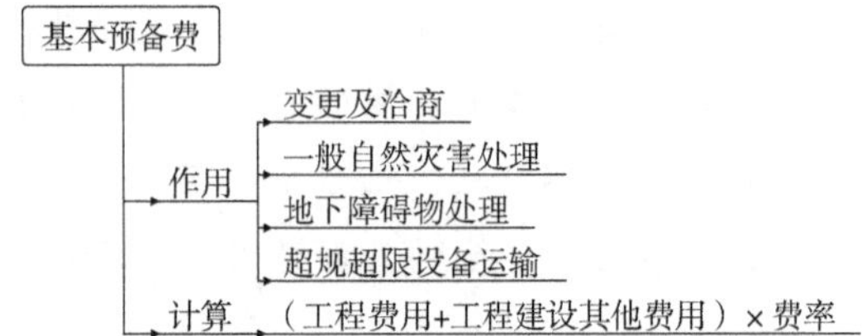

考题直通

基本预备费又称工程建设不可预见费，注意与本章第一节国外建设工程造价构成中的不可预见项目准备金和未明确项目准备金相区分；本考点主要考核基本预备费的作用及计算基数。

（二）价差预备费

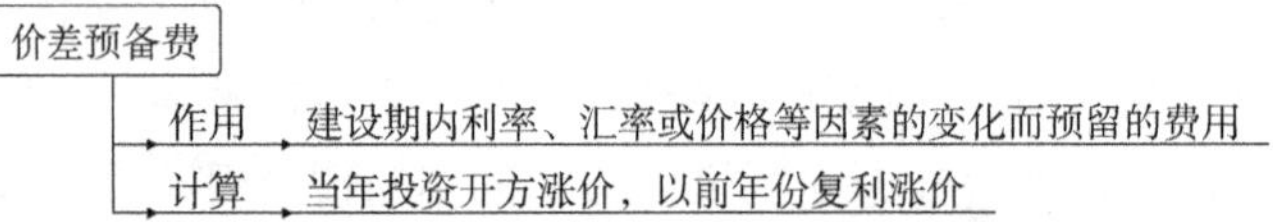

考题直通

本知识点大多数年份是考核计算题，计算公式为 $PF=\sum_{t=1}^{n}I_t[(1+f)^m\times(1+f)^{0.5}\times(1+f)^{n-1}-1]$，计算过程中需要注意的是价差预备费需要分年度计算。

经典真题

1. 下列费用中属于基本预备费支出范围的是（　　）。

A. 超规超限设备运输增加费　　B. 人工、材料、施工机具的价差费

C. 建设期内利率调整增加费　　D. 未明确项目的准备金

【答案】A

【解析】本题考核基本预备费的作用。基本预备费是指投资估算或工程概算阶段预留

的，由于工程实施中不可预见的工程变更及洽商、一般自然灾害处理、地下障碍物处理、超规超限设备运输等可能增加的费用，亦可称为工程建设不可预见费。

2. 某建设项目工程费用为5000万元，工程建设其他费用为1000万元。基本预备费率为8%，年均投资价格上涨率为5%，建设期两年，计划每年完成投资50%，则该项目建设期第二年价差预备费应为（　　）万元。

A. 160.02　　B. 227.79　　C. 246.01　　D. 326.02

【答案】 C

【解析】 计算过程：$(5000+1000)\times1.08\times(1.05^{1.5}-1)=246.01$（万元）。

3. 某建设项目静态投资为20000万元，项目建设前期年限为1年，建设期为2年，计划每年完成投资50%，年均投资价格上涨率为5%，该项目建设期价差预备费为（　　）万元。

A. 1006.25　　B. 1525.00　　C. 2056.56　　D. 2601.25

【答案】 C

【解析】 计算过程：①$10000\times[(1+5\%)^{1.5}-1]=759.30$（万元）；②$10000\times[(1+5\%)^{2.5}-1]=1297.26$（万元）；合计：$759.30+1297.26=2056.56$（万元）。

考点二、建设期利息

建设期利息
- 组成：筹措资金的融资费用及债务资金利息
- 前提：在总贷款分年均衡发放前提下
- 计算：当年借款在年中支用考虑，即当年借款按半额计息，上年借款按余额计息

考题直通

本考点主要考核计算题，计算公式为（$q_j=P_{j-1}+1/2A_j$）$\times i$；另外需要注意利用国外贷款的利息计算中，年利率应综合考虑贷款协议中向贷款方加收的手续费、管理费、承诺费，以及国内代理机构向贷款方收取的转贷费、担保费和管理费等。

经典真题

1. 关于建设期利息计算公式 $q_j=(P_{j-1}+1/2A_j)\times i$ 的应用，下列说法正确的是（　　）。

A. 按总贷款在建设期内均衡发放考虑

B. P_{j-1}为第（$j-1$）年年初累计贷款本金和利息之和

C. 按贷款在年中发放和支用考虑

D. 按建设期内支付贷款利息考虑

【答案】 C

【解析】 本题考查的是建设期利息。即当年借款按半额计息，期初余额为以前年度的本息和。

2. 新建项目建设期 2 年，分年度均衡贷款，两年分别贷款 2000 万和 3000 万，贷款年利率 10%，建设期内只计息不支付，则建设期贷款利息为（　　）万元。

A. 455　　B. 460　　C. 720　　D. 830

【答案】B

【解析】本题考核建设期利息的计算。计算过程：①2000 ÷ 2 × 10% = 100（万元）；②(2000 + 100 + 3000 ÷ 2) × 10% = 360（万元）；③100 + 360 = 460（万元）。

3. 某项目建设期为 2 年，第一年贷款 4000 万元，第二年贷款 2000 万元，贷款年利率为 10%，贷款在年内均衡发放，建设期内只计息不付息。该项目第二年的建设期利息为（　　）万元。

A. 200　　B. 500　　C. 520　　D. 600

【答案】C

【解析】计算过程：①4000 ÷ 2 × 10% = 200（万元）；②（4000 + 200 + 2000 ÷ 2）× 10% = 520（万元）。

第二章

建设工程计价原理、方法和计价依据

第一节　工程计价原理

一、框架体系

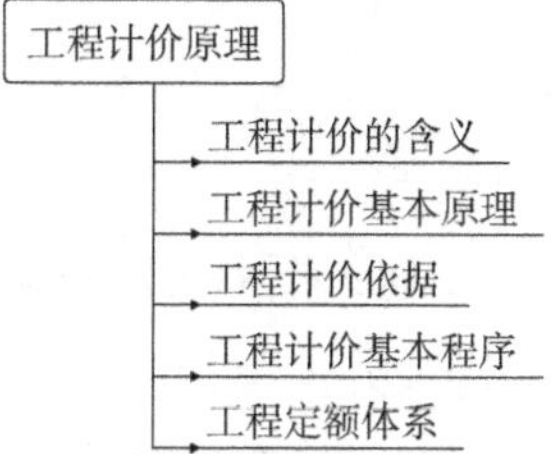

二、考点预测

1. 单位工程、分部工程划分依据。
2. 工程计价的基本原理、环节及各环节主要工作内容。
3. 工程计价的依据及管理标准的具体分类。
4. 工程量清单五要素确定依据及清单计价活动作用阶段。
5. 定额按编制程序和用途的分类及各定额之间的关系比较。

三、考点详解

考点一、工程计价基本原理

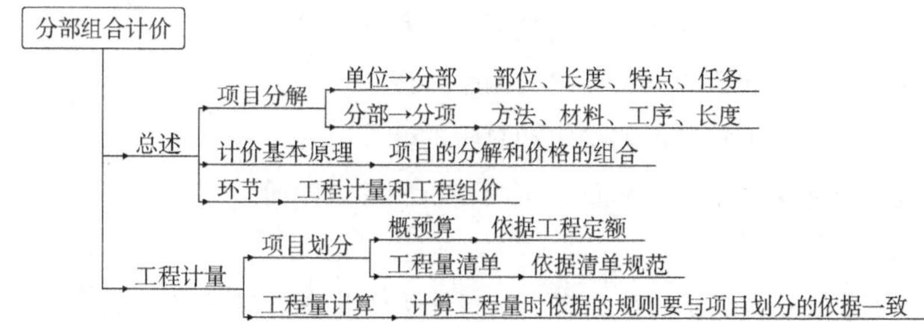

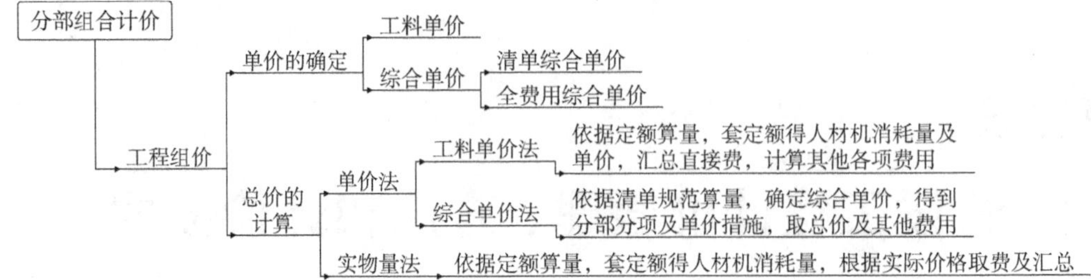

考题直通

本考点分为两个知识点：一是利用函数关系进行类比匡算和分部组合计价。利用函数关系进行匡算是利用产出函数关系（如面积、长度、产能等）对投资进行匡算，具体匡算方法的运用将在第三章第一节进行详细介绍；二是分部组合计价原理，该知识点为考核重点，具体考核题型为：分部工程、分项工程的划分依据；工程计价的基本原理和环节；工程计量及工程组价的具体工作，详细知识点见上图。

经典真题

1. 关于工程造价的分部组合计价原理，下列说法正确的是（　　）。

A. 分部分项工程费 = 基本构造单元工程量 × 工料单价

B. 工料单价指人工、材料和施工机械台班单价

C. 基本构造单元是由分部工程适当组合形成

D. 工程总价是按规定程序和方法逐级汇总形成的工程造价

【答案】 D

【解析】 本题考核分部组合计价原理。A 选项，分部分项工程费由基本构造单元工程量乘以相应综合单价汇总而成，选项当中并没有体现汇总过程，且未采用综合单价；B 选项，工料单价由人、材、机费用组成，特别注意，这里的“机”指施工机具使用费，不仅包含施工机械，还包含仪器仪表；C 选项，基本构造单元是由分项工程进一步分解或组合而成，并不一定是组合，也可能是分解；D 选项，工程总价是由下至上逐级汇总而成，注意与工程项目划分的区别，项目划分是由上至下。

2. 下列说法中，符合工程计价基本原理的是（　　）。

A. 工程计价的基本原理在于项目划分与工程量计算

B. 工程计价分为项目的分解与组合两个阶段

C. 工程组价包括工程单价的确定和总价的计算

D. 工程单价包括生产要素单价、工料单价和综合单价

【答案】 C

【解析】 本题考核分部组合计价原理。工程计价的基本原理就在于项目的分解和价格的组合。可分为工程计量和工程组价两个环节。工程计量工作包括项目划分和工程量的计算，

要按照相应的定额规则或清单工程量计算规范的规则进行；工程组价包括单价的确定和总价的计算，单价又包含工料单价、不完全综合单价（清单综合单价）和完全综合单价（全费用综合单价）。

3. 根据分部组合计价原理，单位工程施工可依据（　　）等的不同分解为分部工程。

A. 结构部位　　B. 路段长度

C. 施工特点　　D. 材料

E. 工序

【答案】 ABC

【解析】 本题考核项目划分依据。单位工程可以按照结构部位、路段长度及施工特点或施工任务分解为分部工程。

考点二、工程计价依据

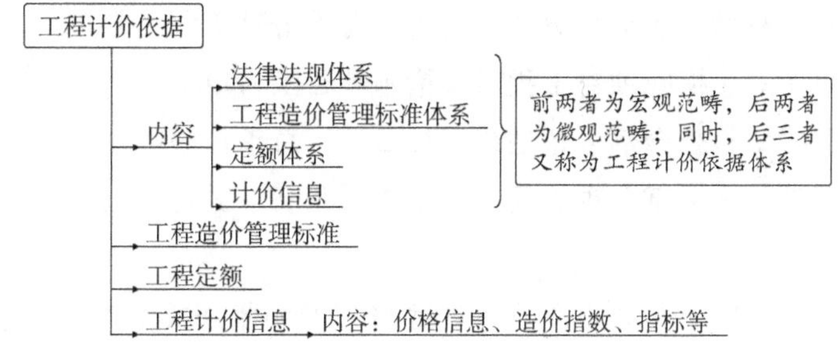

考点三、工程计价基本程序

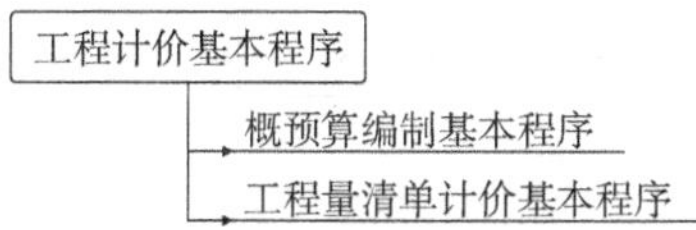

考题直通

本考点下的高频考点为工程量清单计价基本程序。主要考核点如下：

（1）项目编码和计量单位只需要依据工程量清单计量和计价规范即可确定。

（2）项目名称、项目特征及工程量除了依据工程量清单计量和计价规范外，还需要依据施工组织设计、施工规范和验收规范。

（3）招标人编制最高招标限价和投标人编制投标报价的依据不同，招标人编制最高招标限价时依据的是统一计价依据、标准和办法等，投标人编制投标报价主要依据企业定额。

（4）工程量清单计价各部分费用组成如下：

①分部分项工程费 = Σ（分部分项工程量 × 相应分部分项工程综合单价）；

②措施项目费 = Σ各措施项目费；

③其他项目费 = 暂列金额 + 暂估价 + 计日工 + 总承包服务费；

④单位工程造价 = 分部分项工程费 + 措施项目费 + 其他项目费 + 规费 + 税金；

⑤单项工程造价 = ∑单位工程造价；

⑥建设项目总造价 = ∑单项工程造价。

（5）综合单价是指完成一个规定清单项目所需的人工费、材料费和工程设备费、施工机具使用费和企业管理费、利润以及一定范围内的风险费用。风险费用隐含于已标价工程量清单综合单价中，用于化解发承包双方在工程合同中约定的风险内容和范围的费用。

（6）工程量清单计价活动涵盖施工招标、合同管理以及竣工交付全过程，主要包括：编制招标工程量清单、最高招标限价、投标报价，确定合同价，工程计量与价款支付、合同价款的调整、工程结算和工程计价纠纷处理等活动（注意不含可研、设计及竣工决算阶段）。

经典真题

1. 关于工程量清单计价，下列计算式正确的是（　　）。

A. 分部分项工程费 = ∑分部分项工程量 × 分部分项工程工料单价

B. 措施项目费 = ∑措施项目工程量 × 措施项目工料单价

C. 其他项目费 = 暂列金额 + 暂估价 + 计日工 + 总承包服务费

D. 单项工程造价 = 分部分项工程费 + 措施项目费 + 其他项目费 + 税金

【答案】 C

【解析】 本题考核工程量清单计价的组价过程。①分部分项工程费 = ∑（分部分项工程量 × 相应分部分项工程综合单价）；②措施项目费 = ∑各措施项目费；③其他项目费 = 暂列金额 + 暂估价 + 计日工 + 总承包服务费；④单位工程造价 = 分部分项工程费 + 措施项目费 + 其他项目费 + 规费 + 税金；⑤单项工程造价 = ∑单位工程造价；⑥建设项目总造价 = ∑单项工程造价。

2. 根据我国建设市场发展现状，工程量清单计价和计量规范主要适用于（　　）。

A. 项目建设前期各阶段工程造价的估计

B. 项目初步设计阶段概算的预测

C. 项目施工图设计阶段预算的预测

D. 项目合同价格的形成和后续合同价格的管理

【答案】 D

【解析】 本题考核工程量清单计价活动的作用阶段。工程量清单计价活动涵盖从施工招标到竣工结算及工程计价纠纷处理等全过程。注意，不含设计阶段及竣工决算阶段。

3. 在工程量清单编制中，施工组织设计、施工规范和验收规范可以用于确定（　　）。

A. 项目名称　　B. 项目编码　　C. 项目特征　　D. 计量单位

E. 工程量

【答案】 ACE

【解析】 本题考核工程量清单五要素的确定依据。工程量清单五要素中，除了项目编码和计量单位是规范规定外，项目名称、项目特征和工程量计算除了依据清单规范外，还需要依据施工组织设计、施工规范及验收规范等资料。

考点四、工程定额体系

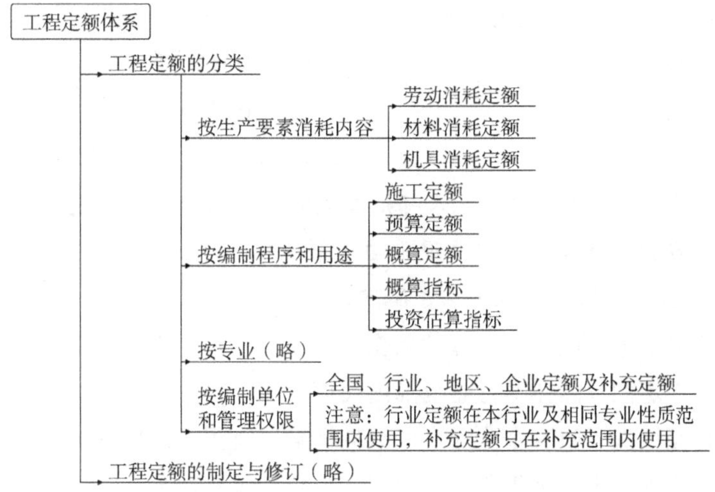

考题直通

本考点考核频率最高的知识点为工程定额按编制程序和用途的分类，考生务必掌握下表，不仅真题考核频率高，而且也是贯穿本科目的重要知识点。

	施工定额	预算定额	概算定额	概算指标	投资估算指标
对象	施工过程或基本工序	分项工程或结构构件	扩大的分项工程或扩大的结构构件	单位工程	建设项目、单项工程、单位工程
用途	编制施工预算	编制施工图预算	编制扩大初步设计概算	编制初步设计概算	编制投资估算
项目划分	最细	细	较粗	粗	很粗
备注	—	预算定额是以施工定额为基础综合扩大编制的，同时它也是编制概算定额的基础	概算定额的项目划分粗细，与扩大初步设计的深度相适应，一般是在预算定额的基础上综合扩大而成的，每一扩大分项概算定额都包含了数项预算定额	—	概略程度与可行性研究阶段相适应，往往根据历史的预、决算资料和价格变动等资料编制，但仍然离不开预算定额、概算定额
定额水平	平均先进	平均			
定额性质	生产性定额	计价性定额			

另外，考生还需要注意：劳动定额和材料消耗定额主要表现形式是时间定额，同时也表现为产量定额。

经典真题

1. 下列定额中反映社会平均先进水平定额的是（　　）。

A. 施工定额　　B. 预算定额

C. 概算定额　　D. 概算指标

【答案】 A

【解析】 本题考核工程定额体系。只有施工定额体现的是平均先进水平，预算定额、概算定额、概算指标及投资估算指标均体现平均水平。

2. 关于工程定额的应用，下列说法正确的是（　　）。

A. 施工定额是编制施工图预算的依据

B. 行业统一定额只能在本行业范围内使用

C. 企业定额反映了施工企业的生产消耗标准，宜用于工程计价

D. 概算定额以扩大分项工程或扩大结构构件为编制对象

【答案】 D

【解析】 本题考核工程定额体系相关知识。施工定额是施工企业组织生产和加强管理在企业内部使用的一种定额，属于企业性质的定额；预算定额是施工图预算的编制基础；行业定额一般在本行业及相同专业性质的范围内使用；企业定额在企业内部使用，在工程量清单计价方法下，是企业进行投标报价的依据，但不能作为编制施工图预算的依据。

3. 关于投资估算指标，下列说法中正确的有（　　）。

A. 应以单项工程为编制对象

B. 是反映建设总投资的经济指标

C. 概略程度与可行性研究阶段相适应

D. 编制基础包括概算定额，不包括预算定额

E. 可根据历史预算资料和价格变动资料等编制

【答案】 BCE

【解析】 本题考核投资估算指标的相关知识。投资估算指标是以建设项目、单项工程、单位工程为对象，反映建设总投资及其各项费用构成的经济指标。它是在项目建议书和可行性研究阶段编制、计算投资需要量时使用的一种定额。它的概略程度与可行性研究阶段相适应。投资估算指标往往根据历史的预、决算资料和价格变动等资料编制，但其编制基础仍然离不开预算定额、概算定额。

第二节　工程量清单计价方法

一、框架体系

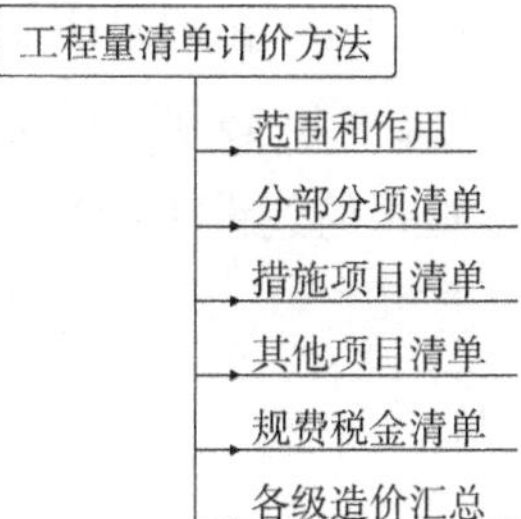

二、考点预测

1. 工程量清单的组成、编制主体、适用范围。
2. 分部分项工程量清单五要素的确定及补充项目内容。
3. 总价措施项目费的计算方法。
4. 其他项目清单的各类表格填写过程。

三、考点详解

考点一、工程量清单计价的范围和作用

考题直通

本考点主要考核工程量清单的概念及具体规定，需要考生掌握以下知识点：

①分类：工程量清单又可分为招标工程量清单和已标价工程量清单，由招标人根据国家标准、招标文件、设计文件以及施工现场实际情况编制的称为招标工程量清单，作为投标文件组成部分的已标明价格并经承包人确认的称为已标价工程量清单。

②编制及责任主体：招标工程量清单应由具有编制能力的招标人或委托工程造价咨询人或招标代理人编制。采用工程量清单方式招标，招标工程量清单必须作为招标文件的组成部分，其准确性和完整性由招标人负责。

③强制性规定：使用国有资金投资的建设工程发承包，必须采用工程量清单计价；非国有资金投资的建设工程，宜采用工程量清单计价；不采用工程量清单计价的建设工程，应执行清单计价规范中除工程量清单等专门性规定外的其他规定。

④国有资金范围：国有资金投资的项目包括全部使用国有资金（含国家融资资金）投资或国有资金投资为主的工程建设项目；国有资金（含国家融资资金）为主的工程建设项

目是指国有资金占投资总额50%以上，或虽不足50%但国有投资者实质上拥有控股权的工程建设项目。

经典真题

1. 关于工程量清单计价适用范围，下列说法正确的是（　　）。

A. 达到或超过规定建设规模的工程，必须采用工程量清单计价

B. 达到或超过规定投资数额的工程，必须采用工程量清单计价

C. 国有资金占投资总额不足50%的建设工程发承包，不必采用工程量清单计价

D. 不采用工程量清单计价的建设工程，应执行计价规范中除工程量清单等专门性规定以外的规定

【答案】D

【解析】本题考核工程量清单计价适用范围。使用国有资金投资的建设工程发承包，必须采用工程量清单计价；非国有资金投资的建设工程，宜采用工程量清单计价（此处限定的是建设项目资金来源性质，而非限制项目建设规模）；不采用工程量清单计价的建设工程，应执行计价规范中除工程量清单等专门性规定外的其他规定。另外，国有资金投资不足50%但拥有控股权的，也应采用工程量清单计价。

2. 根据《建设工程工程量清单计价规范》规定，关于工程量清单计价的有关要求，下列说法中正确的有（　　）。

A. 事业单位自有资金投资的建设工程发承包，可以不采用工程量清单计价

B. 使用国有资金投资的建设工程发承包必须采用工程量清单计价

C. 招标工程量清单应以单位工程为单位编制

D. 工程量清单计价方式下，必须采用单价合同

E. 招标工程量清单的准确性和完整性由清单编制人负责

【答案】BC

【解析】本题考核工程量清单计价相关规定。A选项错误，使用国有资金的建设工程发承包，必须采用工程量清单计价，事业单位资金属于国有资金范畴；D选项错误，工程量清单方式，也可以采用总价合同或成本加酬金合同；E选项错误，招标工程量清单的准确性和完整性由招标人负责。

考点二、分部分项工程项目清单

<table>
<tr><th colspan="6">分部分项与单价措施项目清单与计价表知识点总结</th></tr>
<tr><th></th><th>项目编码</th><th>项目名称</th><th>项目特征</th><th>计量单位</th><th>工程量</th></tr>
<tr><td rowspan="3">规定</td><td>1. 五级十二位编码，前九位全国统一，同一标段（合同款）不得重码
2. 根据清单项目名称设置</td><td>1. 按各专业工程工程量计算规范附录的项目名称结合拟建工程的实际确定
2. 补充项目应报当地工程造价管理机构（省级）备案</td><td>1. 本质特征，应准确而详细描述
2. 工程内容通常无须描述</td><td>当计量单位有两个或两个以上时，选择最适宜表现该项目特征并方便计量的单位</td><td>清单项目的工程量应以实体工程量为准，并以完成后的净值计算，施工损耗及增加的工程量在单价中考虑</td></tr>
<tr><td colspan="5">1. 补充项目的编码由工程量计算规范的代码与 B 和三位阿拉伯数字组成，并应从 001 起顺序编制
2. 应附补充项目的项目名称、项目特征、计量单位、工程量计算规则和工作内容
3. 将编制的补充项目报省级或行业工程造价管理机构备案</td></tr>
<tr><td colspan="5">为计取规费等的使用，可在分部分项工程和单价措施项目清单与计价表中增设“其中：定额人工费”</td></tr>
<tr><td>招标清单</td><td colspan="5">1. 补充项目：“三无才补充”，即规范附录无对应项目、项目特征及工程内容也无提示
2. 项目特征：①详细准确描述；②图集图纸能够满足要求可直接采用“详见”方式；③“详见”方式不能详细准确描述的仍应加以文字描述
3. 补充计量规则要具有可计算性和计算结果唯一性</td></tr>
<tr><td>最高限价</td><td colspan="5">1. 综合单价组价程序：列项→计算工程量→人材机单价→合价→除以清单量得到综合单价
2. 风险因素的确定，技术复杂、管理难度大及材料设备市场价格风险需考虑，规费税金及人工单价风险不考虑</td></tr>
<tr><td>报价</td><td colspan="5">综合单价的确定程序：基础内容两数量，要素价格取管利
确定计算基础→分析清单项目工程内容→依据企业定额规则计算工程数量→清单单位含量→人材机单价→取管、利费得到综合单价</td></tr>
<tr><td>结算</td><td colspan="5">双方确认的工程量与已标价工程量清单的综合单价计算；如发生调整的，以发、承包双方确认调整的综合单价计算</td></tr>
</table>

考题直通

本考点综合分部分项相关知识点包括分部分项工程的相关规定、工程量清单五要素的确定、编制招标工程量清单、最高招标限价、投标报价及竣工结算阶段相关知识点，上表内容考生务必熟练掌握。

经典真题

1. 关于分部分项工程项目清单中项目编码的编制，下列说法正确的是（　　）。

A. 第二级编码为分部工程顺序码

B. 第五级编码为分项工程项目名称顺序码

C. 同一标段内多个单位工程中项目特征完全相同的分项工程，可采用相同编码

D. 补充项目应采用6位编码工程

【答案】D

【解析】本题考核工程量清单项目编码的含义。第一级（两位数）代表专业工程；第二级（两位数）表示附录分类码；第三级（两位数）表示分部工程；第四级（三位数）表示分项工程；第五级（三位数）表示具体清单项目顺序码。同一标段内多个单位工程中项目不得重码；补充项目编码由规范代码与B和三位阿拉伯数字组成。

2. 在工程量清单中，最能体现分部分项工程项目自身价值的本质是（　　）。

A. 项目特征　　B. 项目编码

C. 项目名称　　D. 项目计量单位

【答案】A

【解析】本题考核项目特征相关知识。项目特征是构成分部分项工程项目、措施项目自身价值的本质特征。项目特征是对项目的准确描述，是确定一个清单项目综合单价不可缺少的重要依据。通俗地讲，没有项目特征的准确描述就不可能确定出准确的综合单价。

3. 关于招标工程量清单中分部分项工程量清单的编制，下列说法正确的是（　　）。

A. 所列项目应当是施工过程中以其本身构成工程实体的分项工程或可以精确计量的措施分项项目

B. 拟建施工图纸有体现，但专业工程量计算规范附录中没有相对应项目的，则必须编制这些分项工程的补充项目

C. 补充项目的工程量计算规则，应符合“计算规则要具有可计算性”且“计算结果要具有唯一性”的原则

D. 采用标准图集的分项工程，其特描述应直接采用“详见××图集”方式

【答案】C

【解析】本题考核分部分项工程量清单的编制。A选项，所列项目应是在单位工程的施工过程中以其本身构成该单位工程实体的分项工程；B选项，在拟建工程的施工图纸中有体现，但在专业工程量计算规范附录中没有相对应的项目，并且在附录项目的“项目特征”或“工程内容”中也没有提示时，必须编制补充项目；C选项正确；D选项，若采用标准图集或施工图纸能够全部或部分满足项目特征描述的要求，可采用“详见××图集”方式，不能满足项目特征描述要求的，仍应用文字描述。

4. 编制最高投标限价、进行分部分项工程综合单价组价时，首先应确定的是（　　）。

A. 风险范围与幅度　　B. 工程造价信息确定的人工单价等

C. 组价子项目名称及工程量　　D. 管理费率和利润率

【答案】C

【解析】本题考核最高投标限价中分部分项工程费的确定。具体步骤为：确定组价子项目名称并计算工程量、确定人材机单价、考虑风险费用及管理费利润确定组价子项目合价、将清单项目所包含组价子项目合价相加除以清单工程量得到综合单价。

考点三、措施项目清单

措施项目清单与计价表知识点总结	
规定	1. 单价措施项目按分部分项工程量清单与计价表相同方式编制 2. 总价措施“计算基础”中安全文明施工费可为“定额基价”“定额人工费”或“定额人工费 + 定额施工机具使用费”，其他总价措施项目可为“定额人工费”或“定额人工费 + 定额施工机具使用费” 3. 总价项目若无“计算基础”和“费率”的数值，也可只填“金额”数值，但应在备注栏说明施工方案出处或计算方法
招标清单	1. 安全文明施工费不可竞争，按国家、省级、行业主管部门规定计算 2. 可计量的措施项目费用与分部分项工程相同的方式确定综合单价 3. 不可计量的措施项目则以“项”为单位，采用费率法按有关规定综合取定
最高限价	—
报价	1. 应依据招标人提供的措施项目清单和投标人投标时拟定的施工组织设计或施工方案确定 2. 安全文明施工费必须按照国家或省级、行业建设主管部门的规定计价，不得作为竞争性费用 3. 除安全文明施工费以外的措施项目费自主报价
结算	1. 总价项目应依据合同约定的项目和金额计算；如发生调整的，以发、承包双方确认调整的金额计算 2. 安全文明施工费必须按照国家或省级、行业建设主管部门的规定计算

考题直通

本考点重点关注措施项目的计算方式、总价措施项目计算基础、招标工程量清单、投标报价的计算及竣工结算时调整的具体方法。

经典真题

1. 下列费用项目计入总价措施与计价表的是（　　）。

A. 垂直运输费

B. 施工排水与降水费

C. 大型设备进出场及安拆费

D. 地上地下设施和建筑物临时保护设施费

【答案】 D

【解析】 本题考核总价措施项目费的项目构成。安全文明施工费，夜间施工，非夜间施工照明，二次搬运，冬雨季施工，地上、地下设施和建筑物的临时保护设施，已完工程及设备保护等不能计算工程量，以“项”为计量单位。

2. 根据《建设工程工程量清单计价规范》相关规定，一般不作为安全文明施工费计价基础的是（　　）。

A. 定额人工费　　　　　　　　　　　　B. 定额人工费 + 定额材料费

C. 定额人工费 + 定额施工机具使用费　　D. 定额基价

【答案】 B

【解析】 本题考核安全文明施工费的计算基础。不可计量措施项目计算基础一般为“定额人工费”和“定额人工费 + 定额施工机具使用费”两种，但需要注意的是，安全文明施工费的计算基础除上述两种方式外，还有定额基价，即定额分部分项工程费与定额中可以计量的措施项目费之和。总价措施项目费按施工方案计算的，若无“计算基础”和“费率”的数值，也可只填“金额”数值，但应在备注栏说明施工方案出处或计算方法。

考点四、其他项目清单

<table>
<tr><th colspan="3">其他项目清单与计价表知识点总结</th></tr>
<tr><td rowspan="5">暂列金额</td><td>规定</td><td>1. 用于不可预见的采购、变更、价款调整、索赔、签证等，如有余额归发包人所有
2. 暂列金额由招标人填写，如不能详列，也可只列暂定金额总额，投标人应将上述暂列金额计入投标总价中</td></tr>
<tr><td>招标清单</td><td>1. 一般可按分部分项工程项目清单的 10% ~15% 确定
2. 不同专业预留的暂列金额应分别列项</td></tr>
<tr><td>最高限价</td><td>—</td></tr>
<tr><td>报价</td><td>按照招标人提供的其他项目清单中列出的金额填写，不得变动</td></tr>
<tr><td>结算</td><td>1. 施工索赔费用应依据发承包双方确认的索赔事项和金额计算
2. 现场签证费用应依据发承包双方签证资料确认的金额计算
3. 暂列金额应减去工程价款调整（包括索赔、现场签证）金额计算，如有余额归发包人</td></tr>
<tr><td rowspan="5">暂估价</td><td>规定</td><td>1. 必然发生暂未定
2. 材料、工程设备暂估单价需要纳入分部分项工程项目清单综合单价
3. 专业工程的暂估价一般应是综合暂估价，包括人工费、材料费、施工机具使用费、企业管理费和利润，不包括规费和税金
4. 材料设备暂估价表由招标人填写“暂估单价”，并在备注栏说明暂估价的材料、工程设备拟用在哪些清单项目上
5. 专业工程暂估价表“暂估金额”由招标人填写，投标人应将“暂估金额”计入投标总价中</td></tr>
<tr><td>招标清单</td><td>—</td></tr>
<tr><td>最高限价</td><td>1. 材料单价应按照工程造价管理机构发布的工程造价信息中的材料单价计算，工程造价信息未发布的材料单价，其单价参考市场价格估算
2. 专业工程暂估价应分不同专业，按有关计价规定估算</td></tr>
<tr><td>报价</td><td>1. 暂估价中的材料、工程设备暂估价必须按照招标人提供的暂估单价计入清单项目的综合单价
2. 专业工程暂估价必须按照招标人提供的其他项目清单中列出的金额填写</td></tr>
<tr><td>结算</td><td>暂估价应由发包承包双方按照《建设工程工程量清单计价规范》规定计算</td></tr>
</table>

（续）

其他项目清单与计价表知识点总结		
计日工	规定	1. 合同之外人材机 2. 计日工表项目名称、暂定数量由招标人填写，编制招标最高限价时，单价由招标人按有关计价规定确定；投标时，单价由投标人自主报价，按暂定数量计算合价计入投标总价中；结算时，按发承包双方确认的实际数量计算合价
	招标清单	—
	最高限价	1. 人工单价和施工机械台班单价应按工程造价管理机构公布的单价计算 2. 材料应按工程造价管理机构发布的工程造价信息中的材料单价计算 3. 工程造价信息未发布单价的材料，其价格应按市场调查确定的单价计算
	报价	按照招标人提供的其他项目清单列出的项目和估算的数量，自主确定各项综合单价并计算费用
	结算	计日工应按发包人实际签证确认的事项计算
总承包服务费	规定	1. 甲供甲发管资料 2. 总承包服务费表项目名称、服务内容由招标人填写，编制招标最高限价时，费率及金额由招标人按有关计价规定确定；投标时，费率及金额由投标人自主报价，计入投标总价中
	招标清单	—
	最高限价	1. 对专业工程进行管理协调取专业工程的1.5% 2. 对专业工程进行管理协调配合服务取专业工程的3%～5% 3. 对甲供材进行保管取材料、设备价值的1%
	报价	应根据招标文件中列出的分包专业工程内容和供应材料、设备情况，按照招标人提出的协调、配合与服务要求和施工现场管理需要自主确定
	结算	应依据合同约定金额计算，如发生调整的，以发包承包双方确认调整的金额计算
材料（工程设备）暂估单价计入清单项目综合单价，此处不汇总		

考题直通

本考点为清单计价知识点的重点也是难点。其他项目费具体分为暂列金额、暂估价、计日工及总承包服务费，考生应掌握上述四类费用的作用，不同阶段编制招标文件、最高招标限价、投标报价、期中支付、竣工结算的有关规定。

经典真题

1. 在工程量清单计价中，下列关于暂估价的说法，正确的是（　　）。

A. 材料设备暂估价是指用于尚未确定或不可预见的材料、设备采购的费用

B. 纳入分部分项工程项目清单综合单价中的材料暂估价包括暂估单价及数量

C. 专业工程暂估价与分部分项工程综合单价在费用构成方面应保持一致

D. 专业工程暂估价由投标人自主报价

【答案】C

【解析】本题考核暂估价的相关知识。注意暂估价和暂列金额的区别，暂列金额指签订合同时尚未确定或不可预见的用于变更、合同价款调整、索赔及签证费用，该项费用理论上可能发生也可能不发生；暂估价用于支付必然发生但暂时不能准确确定价格的材料、设备及专业工程，换言之，该项费用必然发生。该知识点注意与第一章第一节国外工程造价构成中的应急费对比学习。暂估价均是由招标人填写，纳入分部分项综合单价的材料、设备暂估价应只是材料、设备的暂估单价，专业工程暂估价为综合暂估价，即包含人、材、机、管、利，不含规费和税金，与分部分项工程综合单价在费用构成方面保持一致。投标报价时，材料、设备暂估价必须按招标工程量清单提供的暂估价计算综合单价，专业工程暂估价必须按照招标人提供金额填写。

2. 根据《建设工程工程量清单计价规范》相关规定，下列费用项目中需纳入分部分项工程项目综合单价中的是（　　）。

A. 工程设备暂估价　　B. 专业工程暂估价

C. 暂列金额　　D. 计日工费

【答案】A

【解析】本题考核其他项目清单相关知识。其他项目清单中的暂估价，分为材料、设备和专业工程暂估价。其中，材料和设备暂估价，必须按暂估价表中载明的价格计入综合单价。

3. 关于其他项目清单与计价表的编制，下列说法正确的有（　　）。

A. 材料暂估单价计入清单项目综合单价，不汇总到其他项目清单计价表总额

B. 暂列金额归招标人所有，投标人应将其扣除后再做投标报价

C. 专业工程暂估价的费用构成类别应与分部分项工程综合单价的构成保持一致

D. 计日工的名称和数量应由投标人填写

E. 总承包服务费的内容和金额应由投标人填写

【答案】AC

【解析】本题考核其他项目清单与计价表的编制。材料、工程设备暂估单价需要纳入分部分项工程项目清单综合单价中；暂列金额是招标人在工程量清单中暂定并包括在合同价款中的一笔款项；专业工程暂估价一般应是综合暂估价，包括人工费、材料费、施工机具使用费、企业管理费和利润，不包括规费和税金；计日工表项目名称、暂定数量由招标人填写，编制最高招标限价时，单价由招标人按有关计价规定确定；投标时，单价由投标人自主报价，按暂定数量计算合价计入投标总价中；总承包服务费表项目名称、服务内容由招标人填写，编制最高招标限价时，费率及金额由招标人按有关计价规定确定；投标时，费率及金额由投标人自主报价，计入投标总价中。

4. 关于建设工程招标工程量清单的编制，下列说法正确的是（　　）。

A. 总承包服务费应计列在暂列金额项下

B. 分部分项工程项目清单中所列工程量应按专业工程量计算规范规定的工程计算规则计算

C. 措施项目清单的编制不用考虑施工技术方案

D. 在专业工程量计算规范中没有列项的分部分项工程，不得编制补充项目

【答案】B

【解析】本题考核招标工程量清单的编制。A 选项，总承包服务费应与暂列金额并列计列在其他项目费下；C 选项，招标工程量清单中的措施项目清单应依据常规施工组织设计或施工方案编制；D 选项，规范没有列项的分部分项工程，项目特征及工作内容也没有提示时，应编制补充项目。

5. 编制招标工程量清单时，应根据施工图纸的深度、暂估价设定的水平、合同价款约定调整因素以及工程实际情况合理确定的清单项目是（　　）。

A. 措施项目清单　　B. 暂列金额

C. 专业工程暂估价　　D. 计日工

【答案】B

【解析】本题考核暂列金额的设定。在确定暂列金额时应根据施工图纸的深度、暂估价设定的水平、合同价款约定调整的因素以及工程实际情况合理确定。

6. 投标报价时，投标人需严格按照招标人所列项目明细进行自主报价的是（　　）。

A. 总价措施项目　　B. 专业工程暂估价

C. 计日工　　D. 规费

【答案】C

【解析】本题考核各项目投标报价的填报。总价措施项目费中的安全文明施工费属于不可竞争费用，必须按国家或者省级行政主管部门的规定计价，除安全文明施工费以外的其他总价措施费由投标人依据施工组织设计或施工方案自主报价；专业工程暂估价必须按招标工程量清单中列出的价格填写；计日工综合单价与合价由投标人根据自身情况自主报价；规费属于不可竞争费用，必须按照国家或者省级主管部门规定计价。

7. 编制工程量清单时，下列费用属于总承包服务费考虑范围的是（　　）。

A. 总包人对专业工程的投标费

B. 承包人自行采购工程设备的保护费

C. 总包人施工现场的管理费

D. 竣工决算文件的编制费

【答案】C

【解析】本题考核总承包服务费的作用。总承包服务费是指总承包人为配合、协调建设单位进行的专业工程发包，对建设单位自行采购的材料、工程设备等进行保管以及施工现场管理、竣工资料汇总整理等服务所需的费用。

8. 关于编制最高投标限价时总承包服务费的参考标准，下列说法正确的是（　　）。

A. 招标人仅要求对分包专业工程进行总承包管理和协调时，按分包专业工程估算造价的 0.5% 计算

B. 招标人仅要求对分包专业工程进行总承包管理和协调时，按分包专业工程估算造价的 1% 计算

C. 招标人要求对分包专业工程进行总包管理和协调，且要求提供配合服务时按分包专业工程估算造价的 1% ~3% 计算

D. 招标人要求对分包专业工程进行总包管理和协调，且要求提供配合服务时按分包专业工程估算造价的 3% ~5% 计算

【答案】 D

【解析】 本题考核最高投标限价中总包服务费费率的确定。总包服务费费率分以下几种情况：要求承包人对分包人进行管理协调时，取 1.5%；要求承包人管理、协调与配合服务时，取 3% ~5%；承包人对甲供材料进行保管时，取 1%。另外需要注意计算基数，如果涉及专业工程时，基数为专业工程估算造价；如果涉及甲供材料时，基数为材料价值。

第三节　人工、材料和施工机具台班消耗量的确定

一、框架体系

建安工程人材机消耗量的确定
- 施工过程分解及工时研究
- 人工定额时间
- 材料定额消耗量
- 施工机具台班定额消耗量

二、考点预测

1. 工人工作时间的分类及拟定定额应考虑的时间。
2. 机器工作时间的分类、举例及拟定定额应考虑的时间。
3. 人工（劳动）定额时间的计算。
4. 确定材料消耗量的方法分类及各种方法适用范围。
5. 材料消耗量、净用量、损耗量的关系及损耗率的确定。
6. 施工机械台班定额的计算。

三、考点详解

考点一、施工过程分解及工时研究

（一）工人工作时间消耗分类

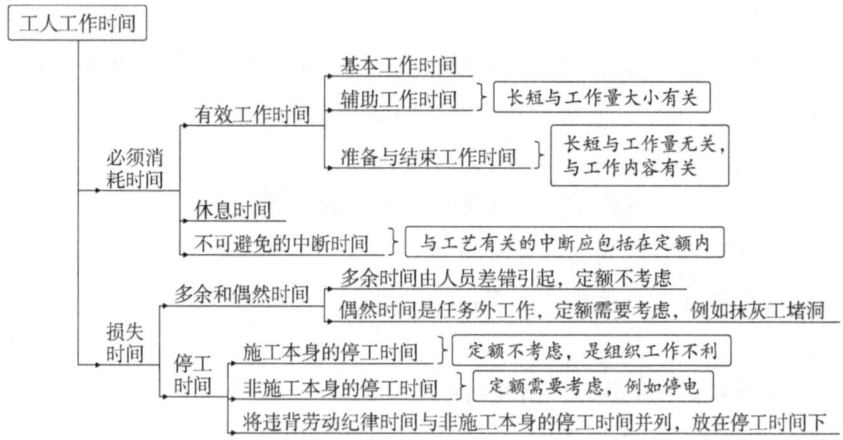

考题直通

本知识点重点考核必须消耗时间和损失时间的组成部分，另外需要特别注意损失时间中的偶然时间和非施工本身造成的停工时间，拟定定额的时候需要考虑。

（二）机器工作时间消耗的分类

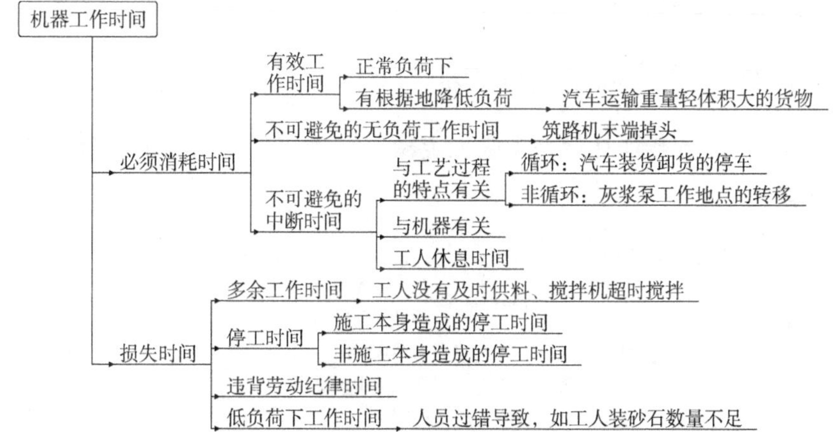

考题直通

本知识点重点考核必须消耗时间和损失时间的组成部分及各类时间的举例，给出某机械具体情形的工作时间，考生应准确判断该工作时间的归属，例如汽车运输体积大而重量轻的货物属于必须消耗时间中的有根据地降低负荷工作时间。

经典真题

1. 对工人工作时间消耗的分类中属于必须消耗时间而被计入时间定额的是（　　）。

A. 偶然工作时间　　B. 工人休息时间

C. 施工本身造成的停工时间　　D. 非施工本身造成的停工时间

【答案】B

【解析】必须消耗时间包括有效工作时间、休息时间和不可避免的中断时间。

2. 下列机械工作时间中，属于有效工作时间的是（　　）。

A. 筑路机在工作区末端的调头时间

B. 体积达标而未达到载重吨位的货物汽车运输时间

C. 机械在工作地点之间的转移时间

D. 装车数量不足而在低负荷下工作的时间

【答案】B

【解析】本题考核机械工作时间消耗的分类。

3. 下列施工工作时间分类选项中，属于工人有效工作时间的有（　　）。

A. 基本工作时间　　B. 休息时间

C. 辅助工作时间　　D. 准备与结束工作时间

E. 不可避免的中断时间

【答案】ACD

【解析】详见工人工作时间的分类。

考点二、确定人工定额消耗量的基本方法

本知识点确定人工定额消耗量是指施工定额（劳动定额）人工消耗量，具体组成及计算方式详见下图：

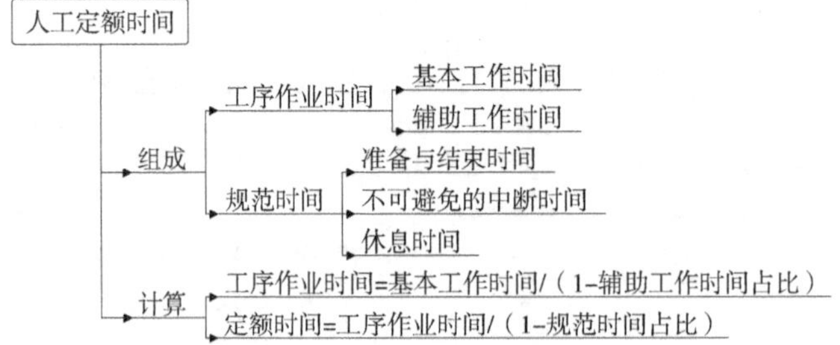

考题直通

本考点为必考知识点，考生要掌握人工定额时间的具体组成和计算方法，综合分析历年真题来看，考核计算题较多。

经典真题

1. 关于人工定额消耗量的确定，下列算式正确的有（　　）。

A. 工序作业时间＝基本工作时间×(1＋辅助工作时间占比)

B. 工序作业时间＝基本工作时间＋辅助工作时间＋不可避免中断时间

C. 规范时间＝准备与结束时间＋不可避免的中断时间＋休息时间

D. 定额时间＝基本工作时间/(1－辅助工作时间)

E. 定额时间＝（基本工作时间＋辅助工作时间)/(1－规范时间占比)

【答案】CE

【解析】本题考核人工工日消耗量的确定。工序作业时间＝基本工作时间＋辅助工作时间；规范时间＝准备与结束工作时间＋不可避免的中断时间＋休息时间；工序作业时间＝基本工作时间＋辅助工作时间＝基本工作时间/(1－辅助工作时间占比)；定额时间＝工序作业时间/(1－规范时间占比)。

2. 工作日写实法测定的数据显示，完成 $10m^3$ 某现浇混凝土工程需基本工作时间 8 小时，辅助工作时间占工序作业时间的 8%，准备与结束工作时间、不可避免的中断时间、休息时间、损失时间分别占工作日的 5%、2%、18%、6%。则该混凝土工程的时间定额是（　　）工日/$10m^3$。

A. 1.44　　B. 1.45　　C. 1.56　　D. 1.64

【答案】B

【解析】本题考核时间定额的计算。工序作业时间：8÷8÷（1－8%）＝1.087（工日/$10m^3$）；时间定额：1.087÷(1－5%－2%－18%)＝1.45（工日/$10m^3$）。

考点三、确定材料定额消耗量的基本方法

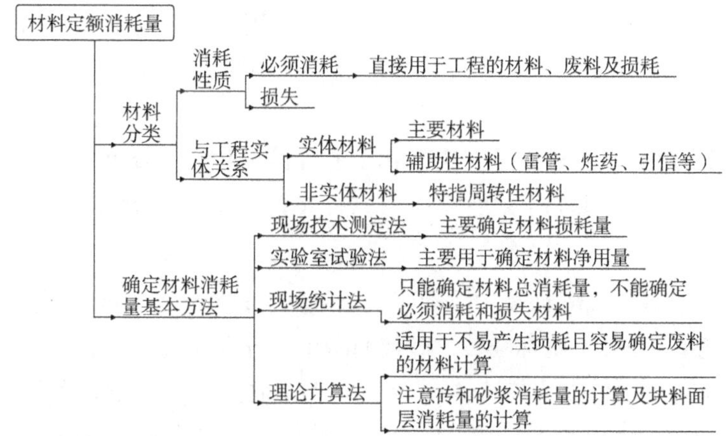

考题直通

本考点考核题型有以下三类：

①材料按消耗性质和与工程实体关系的分类。

②材料消耗定额的确定方法及各类方法的适用情形。

③应用理论计算法计算砖、瓷砖及砂浆的净用量、消耗量及损耗量。考生务必掌握材料三量之间的关系，净用量指实际形成工程实体的材料量；损耗量指材料出库后的损耗，以净用量为基数乘以相应的材料损耗率；消耗量由净用量和损耗量组成。

经典真题

1. 关于材料消耗的性质及确定材料消耗量的基本方法，下列说法正确的是（　　）。

A. 理论计算法适用于确定材料净用量

B. 必须消耗的材料量是指材料的净用量

C. 土石方爆破工程所需的炸药、雷管、引信属于非实体材料

D. 现场统计法主要适用于确定材料损耗量

【答案】 A

【解析】 本题考核材料定额消耗量的确定。材料按消耗性质分类，分为必须消耗材料和损失材料，必须消耗材料包括用于工程的材料（净用量）、不可避免的施工废料和材料损耗（损耗量），净用量和损耗量合计为消耗量；按材料消耗和工程实体关系分为实体材料和非实体材料，实体材料指直接用于工程的材料，包括直接性材料和辅助材料，非实体材料指措施性材料；材料消耗量的确定方法有现场技术测定法、实验室试验法、现场统计法和理论计算法，现场技术测定法主要用于材料损耗量的确定，实验室试验法主要用于材料净用量的确定，现场统计法一般只能确定材料消耗量，不能确定必须消耗和损失量，理论计算法用理论公式计算材料净用量，适用于不易产生损耗且容易确定废料的材料消耗量的计算。

2. 用混凝土抹灰砂浆贴 200mm × 300mm 瓷砖墙面，灰缝宽 5mm，假设瓷砖损耗率为 8%，则 100m^2 瓷砖墙面的瓷砖消耗是（　　）m^2。

A. 103.6　　B. 104.3

C. 108　　D. 108.7

【答案】 A

【解析】 本题考核面层块料净用量及消耗量的计算。100m^2 墙面中瓷砖的净用量：$100/[(0.2+0.005)\times(0.3+0.005)]\times0.2\times0.3=95.96(m^2)$；瓷砖的消耗量：$95.96\times1.08=103.6(m^2)$。

3. 用水泥砂浆砌砖筑 2m^3 砖墙，标准砖（240mm × 115mm × 53mm）的总耗用量为 1113 块，已知砖的损耗率为 5%，则标准砖、砂浆的净用量分别为（　　）。

A. 1057 块、0.372m^3　　B. 1057 块、0.454m^3

C. 1060 块、0.372m^3　　D. 1060 块、0.449m^3

【答案】 D

【解析】 本题考核材料净用量、损耗量、消耗量的计算。计算过程：

标准砖的净用量 = 1113 ÷ (1 + 5%) = 1060(块);

砂浆的净用量 = 2 − 1060 × 0.24 × 0.115 × 0.053 = 0.449(m^3)。

考点四、确定施工机具台班定额消耗量的基本方法

考题直通

本考点比较容易理解，从应试角度而言，一般已知机械一次循环所需时间和循环一次产量，整体计算思路为：一次循环所需时间→ 一小时循环次数→ 一次产量→ 一小时净产量→纯生产一个台班（8h）产量→考虑机械利用系数求得台班产量定额→产量定额倒数求得时间定额。

经典真题

1. 确定施工机械台班定额消耗量前需计算机械时间利用系数，其计算公式正确的是（　　）。

A. 机械时间利用系数 = 机械纯工作 1h 正常生产率 × 工作班纯工作时间

B. 机械时间利用系数 = 1/机械台班产量定额

C. 机械时间利用系数 = 机械一个工作班内纯工作时间/一个工作班延续时间（8h）

D. 机械时间利用系数 = 一个工作班延续时间（8h）/机械一个工作班内纯工作时间

【答案】 C

【解析】 本题考核机械时间利用系数的计算。机械时间利用系数 = 机械一个工作班内纯工作时间/一个工作班延续时间（8h）。

2. 某装载容量为 15m^3 的运输机械，每运输 10km 的一次循环工作中，装车、运输、卸料、空车返回时间分别为 10min、15min、8min、12min，机械时间利用系数为 0.75，则该机械运输 10km 的台班产量定额为（　　）m^3/台班。

A. 8　　　　B. 10.91

C. 12　　　　D. 16.36

【答案】 C

【解析】 本题考核机械台班消耗量的计算：60 ÷ (10 + 15 + 8 + 12) × 15 × 8 × 0.75 ÷ 10 = 12.00。

第四节　人工、材料和施工机具台班单价的确定

一、框架体系

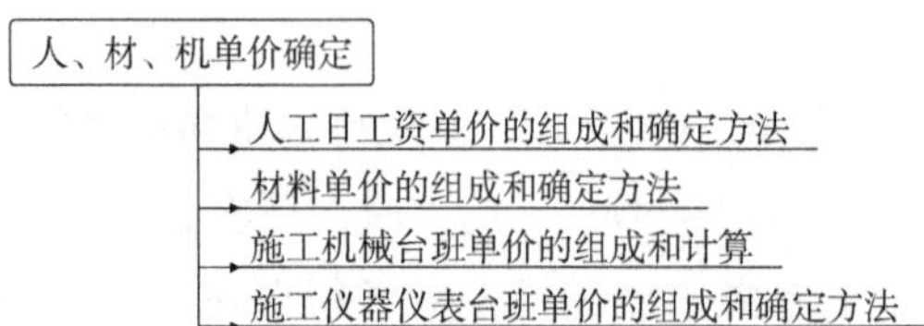

二、考点预测

1. 人工日工资单价的组成及各组成部分内容。
2. 影响人工日工资单价的因素。
3. 材料单价的定义、组成内容及计算。
4. 施工机械台班单价中耐用总台班及折旧费的确定。
5. 施工机械台班单价中检修费、安拆费及场外运费、人工费的计算方法。

三、考点详解

考点一、人工日工资单价的组成和确定方法

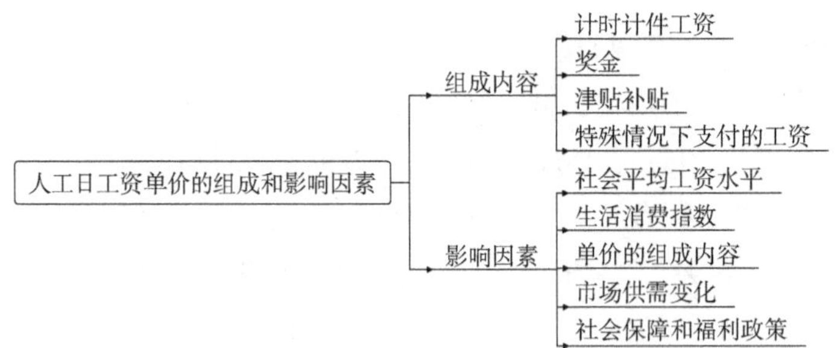

考题直通

本考点重点考核人工日工资单价的组成内容，考生应注意区分津贴补贴和特殊情况下支付的工资：①津贴补贴如流动施工津贴、特殊地区施工津贴、高温（寒）作业临时津贴、高空津贴等；②特殊情况下支付的工资，是指根据国家法律、法规和政策规定，因病、工伤、产假、计划生育假、婚丧假、事假、探亲假、定期休假、停工学习、执行国家或社会义务等原因按计时工资标准或计件工资标准的一定比例支付的工资。区分津贴补贴和特殊情况下支付的工资可以简单地理解为：津贴补贴是指直接从事施工作业而支出的补助，而特殊情况下支付的工资指未从事生产工作或执行特殊工作任务而支付的费用。

经典真题

1. 根据国家相关法律、法规和政策规定，因停工学习、执行国家或社会义务等原因，按计时工资标准支付的工资属于人工日工资单价中的（　　）。

A. 基本工资　　B. 奖金

C. 津贴补贴　　D. 特殊情况下支付的工资

【答案】D

【解析】本题考核人工日工资单价的组成及详细内容。人工日工资单价包括计时或计件工资、奖金、津贴补贴和特殊情况下支付的工资，特别注意区分津贴补贴和特殊情况下支付的工资的区别：津贴补贴指工人在工作当中支付的额外费用；而特殊情况下支付的工资指依据规定不工作或者不进行正常的工作而支付的工资，简单地说，津贴补贴指工人工作时候支付的工资，特殊情况下支付的工资为不正常工作期间支付的工资。

2. 根据现行建筑安装工程费用项目组成规定，下列费用项目已包括在人工日工资单价内的有（　　）。

A. 节约奖　　B. 流动施工津贴

C. 高温作业临时津贴　　D. 劳动保护费

E. 探亲假期间工资

【答案】ABCE

【解析】节约奖属于奖金，流动津贴、高温作业临时津贴属于津贴补贴，劳动保护费属于企业管理费，探亲假期间工资属于特殊情况下支付的工资。

考点二、材料单价的组成和确定方法

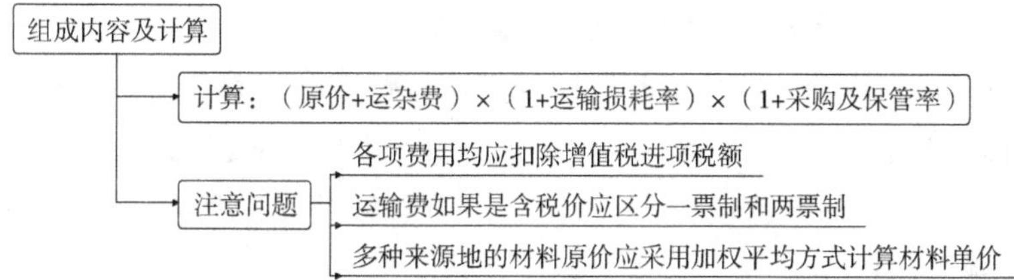

考题直通

本考点重点考核材料单价的组成、计算相关规定和计算方法。需要注意一票制与两票制的问题：“两票制”支付方式，运杂费以接受交通运输与服务适用税率9%扣除增值税进项税额；“一票制”支付方式，运杂费采用与材料原价相同的方式扣除增值税进项税额。

经典真题

1. 采用“一票制”“两票制”支付方式采购材料的，在进行增值税进项税抵扣的，正确的做法是（　　）。

A. “一票制”下，构成材料价格的所有费用均按货物销售适用的税率进行抵扣

B. “一票制”下，材料原价按货物销售适用税率进行抵扣，运杂费不再进行抵扣

C. “两票制”下，材料原价按货物销售适用税率、运杂费按交通运输适用税率进行抵扣

D. “两票制”下，材料原价按货物销售适用税率，运杂费、运输损耗和采购保管费按交通运输适用税率进行抵扣

【答案】C

【解析】本题考核材料单价的组成及计算。所谓“两票制”材料，是指材料供应商就收取的货物销售价款和运杂费向建筑业企业分别提供货物销售和交通运输两张发票的材料。在这种方式下，运杂费以接受交通运输与服务适用税率9%扣除增值税进项税额。所谓“一票制”材料，是指材料供应商就收取的货物销售价款和运杂费合计金额向建筑业企业仅提供一张货物销售发票的材料。在这种方式下，运杂费采用与材料原价相同的方式扣除增值税进项税额。

2. 从甲、乙两地采购某工程材料，采购量及有关费用见下表。该工程材料的材料单价为（　　）元/t。

来源	采购量/t	原价+运杂费/（元/t）	运输损耗费/%	采购及保管费率/%
甲	600	260	1	3
乙	400	240		

A. 262.08　　B. 262.16　　C. 262.42　　D. 262.50

【答案】B

【解析】本题考核同种材料不同来源加权平均单价的计算。计算过程：(600×260+400×240)÷(600+400)×(1+1%)×(1+3%)=262.16（元/t）。

3. 下列材料损耗中因损耗而产生的费用包含在材料单价中的有（　　）。

A. 场外运输损耗　　B. 工地仓储损耗

C. 出工地料库后的搬运损耗　　D. 材料加工损耗

E. 材料施工损耗

【答案】AB

【解析】本题考核材料单价的组成内容。材料单价是指建筑材料从其来源地运到施工工地仓库，直至出库形成的综合平均单价。包括场外运输损耗和工地仓储损耗；出库后搬运损耗及施工损耗计入材料消耗量。

考点三、施工机械台班单价的组成和确定方法

机械台班单价由折旧费、检修费、维护费、安拆费及场外运费、人工费、燃料动力费和其他费用共七项费用组成，各项费用的计算方法详见下表：

项目	计算公式
折旧费	$\frac{\text{机械预算价格}(1-\text{残值率})}{\text{耐用总台班}}$
	耐用总台班 = 折旧年限 × 年工作台班 = 检修间隔台班 × 检修周期
	检修周期 = 检修次数 + 1
	目前各类施工机械残值率均按5%计算
检修费	台班检修费 = $\frac{\text{一次检修费}\times\text{检修次数}}{\text{耐用总台班}}$ × 除税系数
	除税系数 = 自行检修比例 + 委外检修比例/(1 + 税率)
台班维护费	台班维护费 = $\frac{\sum(\text{各级维护一次费用}\times\text{除税系数}\times\text{各级维护次数})+\text{临时故障排除费}}{\text{耐用总台班}}$
	台班维护费 = 台班检修费 × K
	除税系数 = 自行维护比例 + 委外维护比例/(1 + 税率)
安拆费及场外运费	详见考题直通
人工费	台班人工费 = 人工消耗量 × $\left(1+\frac{\text{年制度工作台班}-\text{年工作台班}}{\text{年工作台班}}\right)$ × 人工单价
燃料动力费	—
其他费用	—

考题直通

本考点常考题型有三类：一是台班单价的费用组成；二是某项费用的计算规定；三是某项费用或机械台班单价的具体计算。除上表相应知识点外，考生还需掌握以下知识点：

（1）安拆费及场外运费根据施工机械不同分为计入台班单价、单独计算和无需计算三种类型。

1）安拆简单、移动需要起重及运输机械的轻型施工机械，其安拆费及场外运费计入台班单价：

①一次安拆费应包括施工现场机械安装和拆卸一次所需的人工费、材料费、机械费、安全监测部门的检测费及试运转费。

②一次场外运费应包括运输、装卸、辅助材料、回程等费用。

③年平均安拆次数按施工机械的相关技术指标，结合具体情况综合确定。

④运输距离均按平均30km计算。

2）单独计算的情况包括：（重型辅助）

①安拆复杂、移动需要起重及运输机械的重型施工机械，其安拆费及场外运费单独计算。

②利用辅助设施移动的施工机械，其辅助设施（包括轨道和枕木）等的折旧、搭设和

拆除等费用可单独计算。

3）无须计算的情况包括：

①无须安拆的施工机械，不计算一次安拆费。

②无须相关机械辅助运输的自行移动机械，不计算场外运费。

③固定在车间的施工机械，不计算安拆费及场外运费。

4）自升式塔式起重机、施工电梯安拆费的超高起点及其增加费，各地区、部门可根据具体情况确定。

（2）其他费用是指施工机械按照国家规定应缴纳的车船税、保险费及检测费等。（此处要区分管理用车辆的保险费和施工机械保险费，管理用车辆的保险费属于企业管理费中的财产保险费；施工用车辆属于施工机械，其保险费列入机械台班单价）

经典真题

1. 关于施工机械台班单价的确定，下列表述式正确的是（　　）。

A. 台班折旧费 = 机械原值 ×（1 − 残值率）/耐用总台班

B. 耐用总台班 = 检修间隔台班 ×（检修次数 + 1）

C. 台班检修费 = 一次检修费 × 检修次数/耐用总台班

D. 台班维护费 = Σ（各级维护一次费用 × 各级维护次数）/耐用总台班

【答案】 B

【解析】 本题考核机械台班单价的计算。A 选项，公式中不应用机械原值，而是机械预算价格；B 选项正确；C 选项，台班检修费由自行检修和委外检修两部分构成，委外检修费用一般是含税价格，而计算台班单价应采用不含税价格，故应考虑除税系数；D 选项，台班维护费有两种计算方式，一是以台班检修费为基数取一定的费率，二是选项所列公式，但应考虑委外部分的除税系数，还应考虑临时故障排除费。

2. 某挖掘机配司机 1 人，若年制度工作日为 245 天，年工作台班为 220 台班，人工工日单价为 80 元，则该挖掘机的人工费为（　　）元/台班。

A. 71.8　　B. 80.0　　C. 89.1　　D. 132.7

【答案】 C

【解析】 本题考核施工机械台班单价中人工费的计算。机械台班人工费不是简单的工人数与日工资单价的乘积，而是需要考虑年制度工作日与机械年工作台班的差值，即工人在年制度工作日而机械未工作所发生的人工费，这部分费用需要分摊进台班单价。计算公式为：

$$台班人工费 = 人工消耗量 \times \left(1 + \frac{年制度工作台班 - 年工作台班}{年工作台班}\right) \times 人工单价。$$

3. 下列费用中，不计入机械台班单价而需要单独列项计算的有（　　）。

A. 安拆简单、移动需要起重及运输机械的重型施工机械的安拆费及场外运费

B. 安拆复杂、移动需要起重及运输机械的重型施工机械的安拆费及场外运费

C. 利用辅助设施移动的施工机械的辅助设施相关费用

D. 无须相关机械辅助运输的自行移动机械的场外运费

E. 固定在车间的施工机械的安拆费及场外运费

【答案】BC

【解析】本题考核机械安拆及场外运费。安拆简单、移动需要起重及运输机械的轻型施工机械，其安拆费及场外运费计入台班单价；安拆费包括人、材、机、试运转、检测费及辅助设施的折旧搭拆费用；场外运费包括运输、装卸、辅助材料及回程费用。特别注意，安拆复杂、移动需要起重机械的重型机械单独计算，利用辅助设施移动的机械，辅助设施的折旧、搭设及拆除费用单独计算；无需安拆、无需辅助机械自行移动、固定在车间的施工机械不计安拆费及场外运费；塔式起重机、施工电梯安拆费的超高起点及增加费，各地区按具体情况确定。

考点四、施工仪器仪表台班单价的组成和确定方法

考题直通

本考点掌握仪器仪表台班单价的费用组成即可。施工仪器仪表台班单价由四项费用组成，包括折旧费、维护费、校验费、动力费。施工仪器仪表台班单价中的费用组成不包括检测软件的相关费用。

第五节　工程计价定额的编制

一、框架体系

工程计价定额的编制
- 预算定额及其基价编制
- 概算定额及其基价编制
- 概算指标及其基价编制
- 投资估算指标及其基价编制

二、考点预测

1. 预算定额的编制原则。
2. 预算定额人工工日消耗量的计算、其他用工的组成及详细内容。
3. 预算定额材料消耗量的确定方法及各方法适用范围。
4. 预算定额机械台班消耗量的计算方法及机械幅度差的内容。
5. 概算定额与预算定额的异同点及概算定额手册的组成内容。
6. 概算指标与概算定额编制依据对比。

7. 概算指标的分类及表现形式。

8. 投资估算指标的内容分类及各类指标包含的费用。

三、考点详解

考点一、预算定额及其基价编制

（一）预算定额编制原则及注意事项

1. 编制原则

（1）按社会平均水平确定预算定额的原则。

（2）简明适用的原则。①在编制预算定额时，对于那些主要的、常用的、价值量大的项目，分项工程划分宜细；次要的、不常用的、价值量相对较小的项目则可以粗一些。②预算定额要项目齐全。要注意补充那些因采用新技术、新结构、新材料而出现的新的定额项目。如果项目不全，缺项多，就会使计价工作缺少充足的可靠的依据。③合理确定预算定额的计量单位，简化工程量的计算，尽可能地避免同一种材料用不同的计量单位和一量多用，尽量减少定额附注和换算系数。

2. 注意事项

预算定额基价是根据现行定额和当地的价格水平编制的，具有相对的稳定性。在预算定额中列出的“预算价值”或“基价”，应视作该定额编制时的工程单价。为了适应市场价格的变动，在编制预算时，应根据调价系数或指数等对定额基价进行修正。修正后的工程单价乘以根据图纸计算出来的工程量，就可以获得符合实际市场情况的人工、材料、机具费用。

（二）预算定额人工工日消耗量的计算

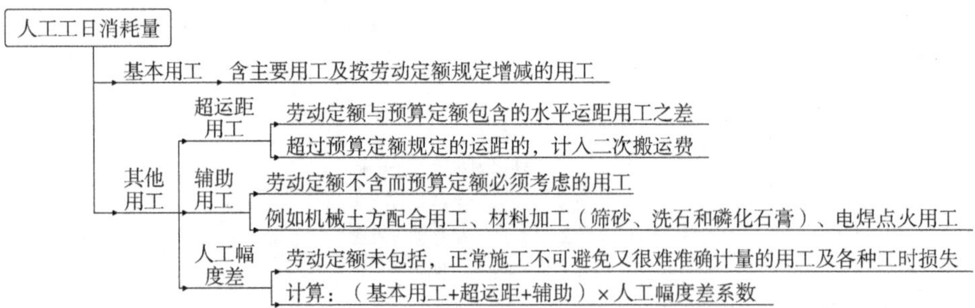

考题直通

基本用工即本章第三节中的施工定额（劳动定额）人工工日消耗量，包括基本工作时间、辅助工作时间、准备与结束工作时间、不可避免中断时间和休息时间。

本考点重点考核题型有三类：①预算定额人工工日消耗量的组成；②某项具体用工的示例；③人工工日消耗量的具体计算。

另外，考生需要了解人工幅度差，系数一般为 10% ~15%。在预算定额中，人工幅度差的用工量列入其他用工量中。人工幅度差多与工序交接、检查有关，具体内容包括：

①各工种间的工序搭接及交叉作业相互配合或影响所发生的停歇用工。

②施工过程中，移动临时水电线路而造成的影响工人操作的时间。

③工程质量检查和隐蔽工程验收工作而影响工人操作的时间。

④同一现场内单位工程之间因操作地点转移而影响工人操作的时间。

⑤工序交接时对前一工序不可避免的修整用工。

⑥施工中不可避免的其他零星用工。

预算定额人工工日消耗量 =（基本用工 + 辅助用工 + 超运距用工）×（1 + 人工幅度差系数）。

（三）预算定额中材料消耗量的计算

材料消耗量的计算
- 有标准规格尺寸的，按规范计算
- 图纸标注尺寸的，按图纸计算净用量
- 换算法：各种胶结、涂料等配合用料
- 测定法：混凝土及砂浆

考题直通

本考点考核频率不高，考生掌握各种计算方法的适用情形即可。

（四）预算定额中机械台班消耗量的计算

考题直通

预算定额与施工定额（劳动定额）机械台班消耗量的组成区别在于，预算定额中需要考虑机械幅度差系数，故考生在掌握施工定额（劳动定额）机械台班消耗量计算方法的基础上，掌握机械幅度差的内容即可，机械幅度差的内容包括：

①施工机械转移工作面及配套机械相互影响损失的时间。

②在正常施工条件下，机械在施工中不可避免的工序间歇。

③工程开工或收尾时工作量不饱满所损失的时间。

④检查工程质量影响机械操作的时间。

⑤临时停机、停电影响机械操作的时间。

⑥机械维修引起的停歇时间。

预算定额机械耗用台班 = 施工定额机械耗用台班 ×（1 + 机械幅度差系数）

经典真题

1. 编制预算定额人工日消耗量时，实际工程现场运距超过预算定额取定运距时的用工应计入（　　）。

A. 超运距用工　　B. 辅助用工　　C. 二次搬运费　　D. 人工幅度差

【答案】 C

【解析】本题考核预算定额人工工日消耗量中超运距用工的概念。预算定额中人工工日消耗量由基本用工和其他用工两部分组成，其他用工是历年真题考核重点。其他用工由超运距用工、辅助用工及人工幅度差组成，超运距用工指预算定额包含而劳动定额不包含的材料、半成品从堆放地点到操作地点的水平距离的差额，特别注意，实际运距超过预算定额取定运距时，可计入措施项目费中的二次搬运费；辅助用工指劳动定额不包含而在预算定额中又必须考虑的用工，如机械挖土方配合用工、材料加工、电焊点火工等；人工幅度差指劳动定额不包含，而正常施工条件下不可避免又难以准确计量的用工及损失，多与搭接、移动及质量检查有关。

2. 编制某分项工程预算定额人工工日消耗量时，已知基本用工、辅助用工、超运距用工分别为20工日、2工日、3工日，人工幅度差系数为10%，则该分项工程单位人工工日消耗量为（　　）工日。

A. 27.0　　B. 27.2　　C. 27.3　　D. 27.5

【答案】D

【解析】本题考核预算定额人工工日消耗量的计算。预算定额人工工日消耗量＝(基本用工＋超运距用工＋辅助用工)×(1＋人工幅度差系数)；计算过程：(20＋2＋3)×(1＋10%)＝27.5（工日）。

3. 在计算预算定额人工工日消耗量时，含在人工幅度差内的用工是（　　）。

A. 超运距用工　　B. 材料加工用工

C. 机械土方工程的配合用工　　D. 工种交叉作业相互影响的停歇用工

【答案】D

【解析】本题考核人工幅度差包含的内容。人工幅度差指劳动定额未包含而施工现场不可避免而又难以准确计量的用工和损失。包括工序搭接、交接、交叉，临时水电转移、质量检验影响的操作时间和不可避免的其他零星用工。本题中，超运距用工与人工幅度差同属于其他用工，材料加工用工和机械土方工程配合用工同属于辅助用工，交叉作业导致的停歇用工应包含在人工幅度差中。

4. 确定预算定额人工工日消耗量过程中，应计入其他用工的有（　　）。

A. 材料二次搬运用工

B. 电焊点火用工

C. 按劳动定额规定应增（减）计算的用工

D. 临时水电线路移动造成的停工

E. 完成一分项工程所需消耗的技术工种用工

【答案】BD

【解析】本题考核其他用工的内容。概念详见本节第1题，材料二次搬运用工计入措施项目费中的二次搬运费，电焊点火用工计入其他用工当中的辅助用工，按劳动定额增减的用工计入基本用工，临时水电线路移动造成的停工计入其他用工中的人工幅度差，完成分项工程所需消耗的技术工种用工计入基本用工当中的主要用工。

考点二、概算定额及其基价编制

考题直通

本考点考核较为分散，考生需要重点掌握以下知识点：

（1）定义：概算定额是在预算定额基础上，确定完成合格的单位扩大分项工程或单位扩大结构构件所需消耗的人工、材料和施工机具台班的数量标准及其费用标准。概算定额又称扩大结构定额。

（2）与预算定额相比异同点。

①相同点：概算定额表达的主要内容、表达的主要方式及基本使用方法都与预算定额相近。

②不同点：概算定额与预算定额的不同之处，在于项目划分和综合扩大程度上的差异，同时，概算定额主要用于设计概算的编制。由于概算定额综合了若干分项工程的预算定额，因此概算工程量计算和概算表的编制，都比编制施工图预算简化一些。

（3）编制原则：概算定额应该贯彻社会平均水平和简明适用的原则，但在概预算定额水平之间应保留必要的幅度差。

（4）组成内容：按专业特点和地区特点编制的概算定额手册，内容基本上是由文字说明、定额项目表和附录三个部分组成。

经典真题

1. 关于概算定额，下列说法正确的是（　　）。

A. 不仅包括人工、材料和施工机具台班的数量标准，还包括费用标准

B. 是施工定额的综合与扩大

C. 反映的主要内容、项目划分和综合扩大程度与预算定额类似

D. 定额水平体现平均先进水平

【答案】 A

【解析】 本题考核概算定额的编制。概算定额是在预算定额基础上，确定完成合格的单位扩大分项工程或单位扩大结构构件所需消耗的人工、材料和施工机具台班的数量标准及其费用标准。概算定额表达的主要内容、主要方式及基本使用方法都与预算定额相近。不同之处在于项目划分和综合扩大程度上的差异。概算定额应贯彻社会平均水平和简明适用的原则。

2. 关于概算定额及其编制，下列说法正确的有（　　）。

A. 概算定额表达的主要内容、主要方式及基本使用方法与预算定额相似

B. 概算定额与预算定额的不同之处，在于项目划分和综合扩大程度的差异

C. 概算定额是确定概算指标中各种消耗量的依据

D. 概算定额与预算定额的水平差一般在 10% 左右

E. 概算定额项目可以按工程结构划分，也可以按工程部位划分

【答案】ABE

【解析】本题考核概算定额的特点及编制。概算定额与预算定额的相同点在于主要内容、表达方式、基本使用方法相似；不同点在于项目划分和综合扩大程度的差异；概算定额项目的划分，可按工程结构或者工程部位划分；故 A、B、E 选项正确；概算指标各种消耗量的确定，主要来自各种预算或者结算资料，并不是依据概算定额编制，故 C 选项错误；D 选项，教材未提及。

考点三、概算指标及其编制

考题直通

本考点需要考生重点掌握以下知识点：

（1）概算指标与概算定额的区别有以下两点。

①确定各种消耗量指标的对象不同：概算定额是以单位扩大分项工程或单位扩大结构构件为对象，而概算指标则是以单位工程为对象。因此概算指标比概算定额更加综合与扩大。

②确定各种消耗量指标的依据不同：概算定额以现行预算定额为基础，通过计算之后才综合确定出各种消耗量指标，而概算指标中各种消耗量指标的确定，则主要来自各种预算或结算资料。

（2）分类：注意概算指标是依据功能分类而不是专业，故给水排水工程、采暖工程、通信及电气照明工程属于建筑工程概算指标，详见下图。

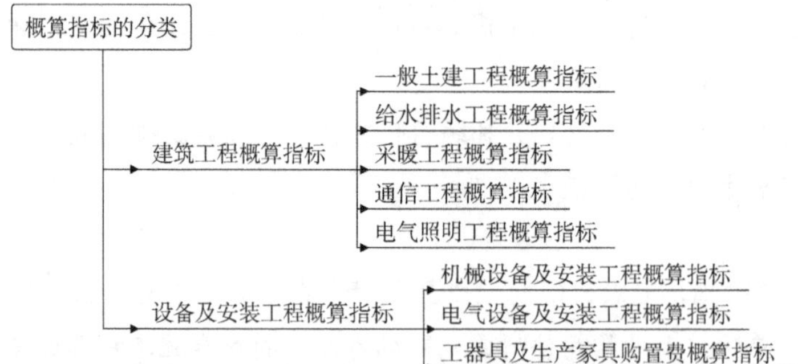

（3）表现：分为综合指标和单项指标两种。

①综合概算指标。综合概算指标是按照工业或民用建筑及其结构类型而制定的概算指标。综合概算指标的概括性较大，其准确性、针对性不如单项指标。

②单项概算指标。单项概算指标是指为某种建筑物或构筑物而编制的概算指标。单项概算指标的针对性较强，故指标中对工程结构形式要做介绍。只要工程项目的结构形式及工程内容与单项指标中的工程概况相吻合，编制出的设计概算就比较准确。

(4) 编制：构筑物是以“座”为单位编制概算指标，因此，在计算完工程量、编出预算书后，不必进行换算，预算书确定的价值就是每座构筑物概算指标的经济指标。

经典真题

下列有关概算定额与概算指标关系的表述中，正确的有（　　）。

A. 概算定额以单位工程为对象，概算指标以单项工程为对象

B. 概算定额以预算定额为基础，概算指标主要来自各种预算和结算资料

C. 概算定额适用于初步设计阶段，概算指标不适用于初步设计阶段

D. 概算指标比概算定额更加综合与扩大

E. 概算定额是编制概算指标的依据

【答案】 BD

【解析】 本题考核概算定额相关知识。概算定额以扩大的分项工程或扩大的结构构件为对象，概算指标以单位工程为对象；概算指标主要用于投资估价和初步设计阶段；概算指标的编制依据包括现行的概算指标及预算结算资料，但不包括预算定额。

考点四、投资估算指标及其编制

考题直通

本考点较为分散，考生需重点掌握投资估算指标的分类及各类指标的编制单位。投资估算指标内容因行业不同而各异，一般可分为建设项目综合指标、单项工程指标和单位工程指标三个层次：

①建设项目综合指标一般以项目的综合生产能力单位投资表示，如“元/t”“元/kW”，或以使用功能表示，如医院床位：“元/床”。

②单项工程指标一般以单项工程生产能力单位投资，如“元/t”或其他单位表示。如变配电站：“元/(kV·A)”；锅炉房：“元/蒸汽吨”；供水站：“元/m^3”；办公室、仓库、宿舍、住宅等，房屋则区别不同结构形式以“元/m^2”表示。

③单位工程指标一般以如下方式表示：房屋区别不同结构形式以“元/m^2”表示；道路区别不同结构层、面层以“元/m^2”表示；水塔区别不同结构层、容积以“元/座”表示；管道区别不同材质、管径以“元/m”表示。

经典真题

1. 下列关于投资估算指标的说法中，正确的是（　　）。

A. 反映项目建设前期的动态投资

B. 一般分为综合指标和单项工程指标两个层次

C. 要反映实施阶段的动态投资

D. 建设项目综合指标为各单项工程投资之和

【答案】A

【解析】本题考核投资估算指标相关知识。投资估算指标不但要反映实施阶段的静态投资，还要反映建设前期和交付使用期的动态投资，所以 A 选项正确，C 选项错误；投资估算指标包括建设项目综合指标、单项工程指标和单位工程指标三个层次，所以 B 选项错；综合指标不仅包括各单项工程投资之和，还包括工程建设其他费和预备费等，所以 D 选项错。

2. 关于投资估算指标，下列说法正确的有（　　）。

A. 以独立的建设项目、单项工程或单位工程为对象

B. 费用和消耗量指标主要来自概算指标

C. 一般分为建设项目综合指标，单项工程指标和单位工程指标三个层次

D. 单位工程指标一般以单位生产能力投资表示

E. 建设项目综合指标表示的建设项目的静态投资指标

【答案】AC

【解析】本题考核投资估算指标的相关知识点。

第六节　工程计价信息及其应用

一、框架体系

工程计价信息及应用
- 工程计价信息及其主要内容
- 工程造价指标的编制和使用
- 工程造价指数及其编制
- 工程计价信息的动态管理
- 工程造价数字化及发展趋势

二、考点预测

1. 工程计价信息的主要内容。
2. 价格信息的分类及材料价格信息、施工机具价格信息包括的内容。
3. 工程造价指数的内容。
4. 工程造价指标的分类及编制造价成果文件时采用指标的时间。
5. 工程造价指标的测算方法分类及适用范围。
6. 工程造价指数的分类及各指数的计算公式。

三、考点详解

考点一、工程计价信息及其主要内容

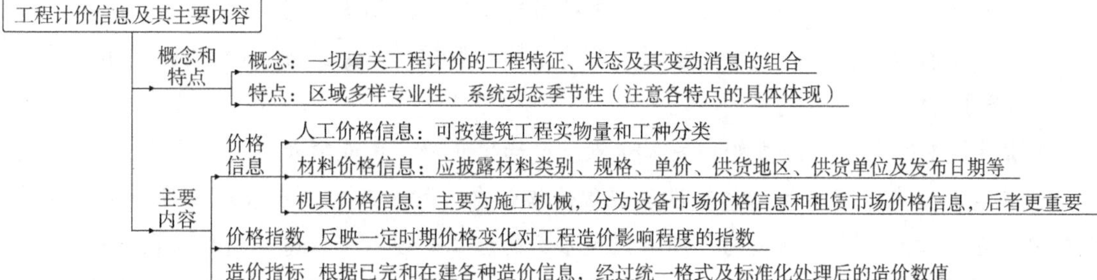

考题直通

本考点主要考核造价信息的特点、组成及概念，此外，考生还应注意造价信息特点的具体体现。

①区域性：建筑材料大多重量大、体积大、产地远离消费地点，因而运输量大，费用也较高。尤其不少建筑材料本身的价值或生产价格并不高，但所需要的运输费用却很高。

②动态性：工程计价信息需要经常不断地收集和补充新的内容，进行信息更新，真实反映工程造价的动态变化。

经典真题

1. 下列工程造价信息中，最能体现市场机制下信息动态性变化特征的是（　　）。

A. 工程价格信息　　B. 政策性文件

C. 计价标准和规范　　D. 工程定额

【答案】 A

【解析】 本题考核工程计价信息动态性的特点。工程计价信息需要经常不断地收集和补充新的内容，进行信息更新，真实反映工程造价的动态变化。

2. 建筑材料大多重量大、体积大、产地远离消费地点，因而运输量大，费用也较高，尤其不少建筑材料本身的价值或生产价格并不高，但所需要的运输费用却很高，这体现了工程造价信息管理应遵循的（　　）原则。

A. 区域性　　B. 多样性　　C. 季节性　　D. 专业性

【答案】 A

【解析】 本题考核工程计价信息的特点。某些建筑材料本身的价值或生产价格并不高，但所需要的运输费用却很高，这都在客观上要求尽可能就近使用建筑材料。因此，这类建筑信息的交换和流通往往限制在一定的区域内，体现工程计价信息区域性的特点。

3. 下列关于工程计价信息的说法中，不正确的有（　　）。

A. 建筑工种人工成本信息是按照建筑工人的工种分类

B. 材料价格信息的发布应披露供货单位

C. 施工机械价格信息包括设备市场价格信息和设备租赁市场价格信息两部分，前者对于工程计价更重要

D. 工程造价指数一般是没有经过系统的加工处理的初级信息

E. 工程经济指标、工程量指标、单价指标和消耗量指标是按工程构成不同的分类

【答案】CDE

【解析】本题考核计价信息相关知识点。A 选项正确；B 选项正确；C 选项，施工机械价格信息包括设备市场价格信息和设备租赁价格信息，相对而言，后者对工程计价更重要；D 选项，价格信息是比较初级的、没有经过系统的加工处理；工程造价指数是在价格信息的基础上通过一系列的加工整理而成；E 选项，工程造价指标分类方法有两种：一是按工程构成不同分为建设投资指标、单项和单位工程造价指标三类，二是按用途不同，分为工程经济指标、工程量指标、消耗量指标及单价指标四类。

考点二、工程造价指标的编制及使用

考题直通

工程造价指标按照工程构成的不同，建设工程造价指标可分为建设投资指标和单项、单位工程造价指标；按照用途的不同，建设工程造价指标可以分为工程经济指标、工程量指标、单价指标及消耗量指标。测算指标时，应注意以下问题：

（1）数据的真实性。用于测算指标的数据无论是整体数据还是局部数据必须都是采集实际的工程数据。

（2）符合时间要求。建设工程造价指标的时间应符合下列规定：

①投资估算、设计概算、最高招标限价应采用成果文件编制完成日期。

②合同价应采用工程开工日期。

③结算价应采用工程竣工日期。

（3）根据工程特征进行测算。建设工程造价指标应区分地区特征、工程类型、造价类型、时间进行测算。地区特征要求工程造价数据所属建设工程所在地，位置信息最小精确到县（区）一级。

建设工程造价指标测算方法主要包括数据统计法、典型工程法和汇总计算法。各方法计算造价指标要求见下表：

造价指标的编制

方法	适用	加权指标
数据统计法	样本数量达到数据采集最少样本数量	工程经济指标、工程量指标、工料消耗量指标采用建设规模，单价指标采用消耗量

（续）

造价指标的编制		
方法	适用	加权指标
典型工程法	本数量达不到最少样本数量要求	—
汇总计算法	用下一层级造价指标汇总计算上一层级造价指标	总建设规模

注：（1）数据统计法计算建设工程经济指标、工程量指标、工料消耗量指标时，应将所有样本工程的单位造价、单位工程量、单位消耗量进行排序，从序列两端各去掉5%的边缘项目，边缘项目不足1时按1计算，剩下的样本采用加权平均计算。

（2）典型工程造价数据也宜采用样本数据，并且要求典型工程的特征必须与指标描述保持一致。

经典真题

1. 工程造价指标测算中，各类造价数据的时间需符合造价指标的时间要求。下列造价数据的时间选取符合规定的是（　　）。

A. 投资估算采用投资估算书编制完成日期

B. 最高投标限价采用投标截止日期

C. 合同价采用合同签订日期

D. 结算价采用工程结算日期

【答案】 A

【解析】 本题考核工程造价指标测算时应采用的时间。投资估算、设计概算、最高招标限价应采用成果文件编制完成日期；合同价应采用开工日期；结算价应采用工程竣工日期。

2. 按照用途的不同，建设工程造价指标可分为（　　）。

A. 单价指标　　B. 工程经济指标

C. 工程量指标　　D. 单位工程造价指标

E. 消耗量指标

【答案】 ABCE

【解析】 本题考核工程造价指标的分类。按照工程构成的不同，建设工程造价指标可分为建设投资指标和单项、单位工程造价指标；按照用途的不同，建设工程造价指标可以分为工程经济指标、工程量指标、单价指标及消耗量指标。

3. 建设工程造价指标测算常用的方法包括（　　）。

A. 数据统计法　　B. 现场测算法

C. 典型工程法　　D. 写实记录法

E. 汇总计算法

【答案】 ACE

【解析】本题考核工程造价指标的测算方法。建设工程造价指标测算方法主要包括数据统计法、典型工程法和汇总计算法。当样本数量达到数据采集最少样本数量时，应采用数据统计法；当样本数量达不到要求时采用典型工程法；当需要采用下一层级造价指标汇总计算上一层级造价指标时，应采用汇总计算法。

考点三、工程造价指数及其编制

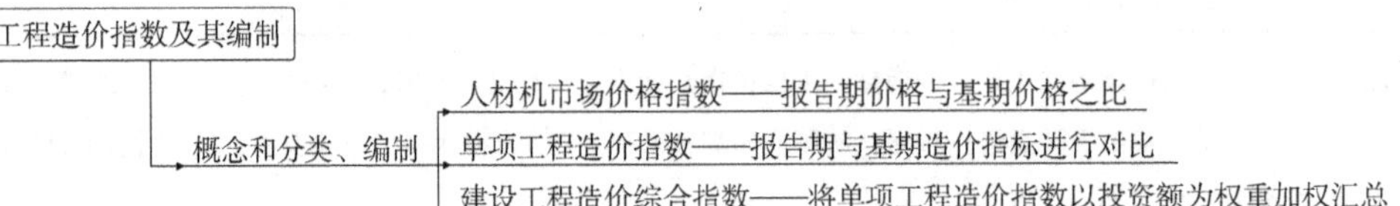

考题直通

本考点较简单，考生要掌握造价指数的分类、编制方法，如果已知各类数据能够计算即可。

经典真题

1. 2020年某水泥厂建设工程的建筑安装工程造价为7.31亿元。其中，矿山工程造价为7800万元，定额编制期间类似项目的矿山工程造价为6000万元。该水泥厂建设工程造价综合指数为1.20，则该矿山工程的造价指数是（　　）。

A. 1.30　　B. 0.77　　C. 0.92　　D. 1.56

【答案】A

【解析】本题考核单项工程造价指数的编制。单项工程造价指数为单项工程报告期和基期的造价指标对比（价格之比）。计算：7800/6000＝1.3。

2. 关于工程造价指数的计算，下列表达式正确的是（　　）。

A. 材料费价格指数＝∑(同期各种材料单价×各种材料费用/所有材料费用之和)

B. 单位工程价格指数＝∑(同期工程价格指数×各分部工程费用/单位工程费用)

C. 单项工程造价指数＝报告期单项工程造价指标/基期单项工程造价指标

D. 建设工程造价综合指数＝报告期建设工程造价综合指标/基期建设工程造价综合指标

【答案】C

【解析】本题考核工程造价指数的编制。工程造价指数分为三类：一是人材机市场价格指数，即报告期单价与基期单价的比值；二是单项工程造价指数，即报告期单项工程造价指标与基期单项工程造价指标的比值；三是建设工程造价综合指数，即同期各单项工程造价指数乘以相应各单项工程投资额占全部单项工程投资额的比值之和。

第三章 建设项目决策和设计阶段工程造价的预测

第一节　投资估算的编制

一、框架体系

投资估算的编制

- 决策阶段影响工程造价的主要因素
- 投资估算的概念及编制内容
- 投资估算的编制

二、考点预测

1. 项目决策与工程造价的关系。
2. 确定建设规模需要考虑的因素及确定建设规模的方法。
3. 建设地区的选择原则及确定建设地点的费用分析内容。
4. 项目建议书阶段静态投资的估算方法分类及具体计算。
5. 分项详细估算法估算流动资金的具体计算。
6. 建设投资估算方法分类及各方法的具体内容。

三、考点详解

考点一、项目决策阶段影响工程造价的主要因素

(一) 项目决策与工程造价的关系

项目决策与工程造价关系

- 决策正确性是造价合理性前提
- 决策内容是决定造价的基础
- 决策深度影响造价精度
- 造价数额影响决策结果

（二）影响工程造价的主要因素（规环两地三方案）

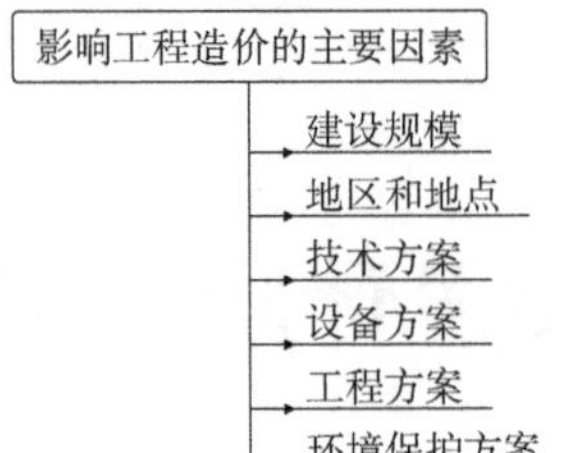

1. 建设规模（略）

考题直通

本知识点主要考核投资估算阶段确定建设规模需要考虑的因素及确定建设规模方案比选方法。影响因素中要关注市场因素和环境因素的细节。（市场分析是前提，前需主价重风险。）

（1）市场因素是确定建设规模需要考虑的首要因素，具体包括市场需求分析，原材料市场、资金市场、劳动力市场分析，市场价格分析及市场风险分析，具体分述如下：

1）市场需求状况是确定项目生产规模的前提。

2）原材料市场、资金市场、劳动力市场等对建设规模的选择起着不同程度的制约作用。

3）市场价格分析是制订营销策略和影响竞争力的主要因素。

4）市场风险分析是确定建设规模的重要依据。

（2）确定项目规模需考虑的主要环境因素有政策因素、燃料动力供应、协作及土地条件、运输及通信条件。其中，政策因素包括产业政策、投资政策、技术经济政策以及国家、地区及行业经济发展规划等。

2. 建设地区及建设地点

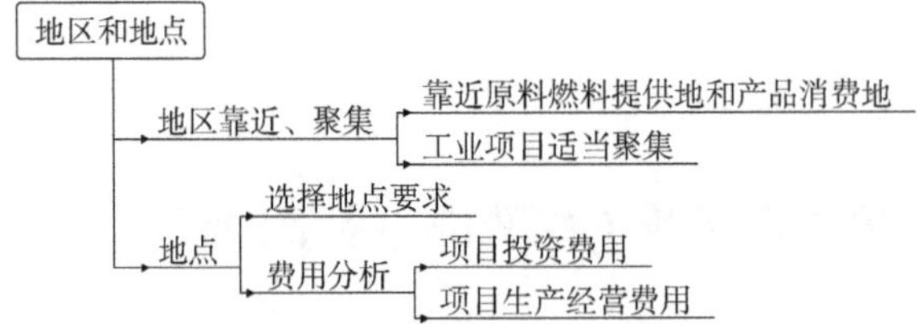

考题直通

本知识点需要掌握的内容较分散，分述如下：

（1）选择建设地区时，要遵循靠近和聚集原则，但需要注意的是：①靠近不是等距，不同项目的靠近原则不同，对农产品、矿产品的初步加工项目，由于大量消耗原料，应尽可能靠近原料产地；对于能耗高的项目，如铝厂、电石厂等，宜靠近电厂，因减少电能输送损失所获得的利益，通常大大超过原料、半成品调运中的劳动耗费；而对于技术密集型的建设项目，由于大中城市工业和科学技术力量雄厚、协作配套条件完备、信息灵通，所以其选址宜在大中城市；②工业项目适当聚集不等于无限聚集，当过度聚集时会使综合经济效益下降。

（2）选择建设地点时，注意区分项目投资费用和项目生产运营费用：

1）项目投资费用包括土地征购费、拆迁补偿费、土石方工程费、运输设施费、排水及污水处理设施费、动力设施费、生活设施费、临时设施费、建材运输费等。

2）项目投产后生产经营费用包括原材料、燃料运入及产品运出费用，给水排水、污水处理费用，动力供应费用等。

3. 技术方案

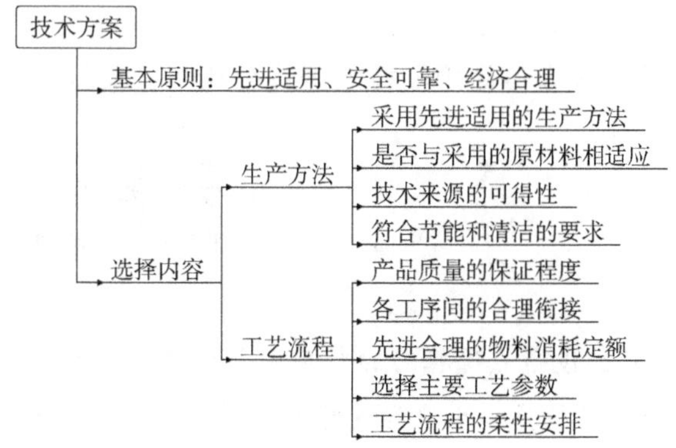

考题直通

本知识点中要求考生掌握选择技术方案的基本原则及选择技术方案时能够区分生产方法和工艺流程的具体内容。

4. 环境方案

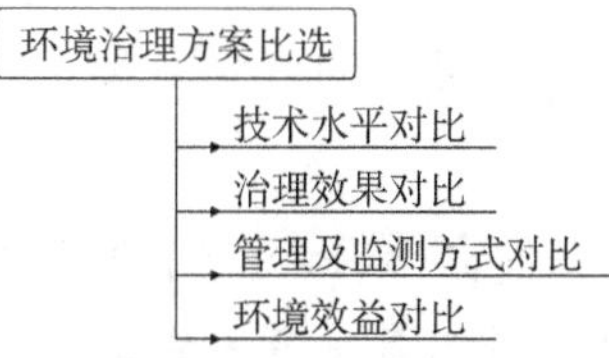

考题直通

本知识点考核频率不高，要求考生掌握环境治理方案比选的具体内容。

经典真题

1. 确定建设项目建设规模需考虑的首要因素是（　　）。

A. 建设地点　　B. 产品需求市场

C. 生产成本　　D. 建造方案

【答案】 B

【解析】 本题考核决策阶段确定建设规模需要考虑的因素。市场因素是确定建设规模需考虑的首要因素。

2. 关于项目决策与工程造价的关系，下列说法正确的是（　　）。

A. 项目不同决策阶段的投资估算精度要求是一致的

B. 项目决策的内容与工程造价无关

C. 项目决策的正确性不影响设备选型

D. 工程造价的金额影响项目决策的结果

【答案】D

【解析】本题考核投资估算与项目决策的关系。A 选项，项目不同决策阶段的投资估算精度要求不同；B 选项，项目决策的内容是决定工程造价的基础；C 选项，项目决策的正确性是工程造价合理性的前提；D 选项正确。

3. 在进行建设厂址多方案全寿命周期技术经济分析时，应计入项目投产后生产经营费用的是（　　）。

A. 拆迁补偿费　　B. 生活设施费

C. 动力设施费　　D. 原材料运输费

【答案】D

【解析】本题考核项目建设地点选择时的费用分析。费用分析时应具有全寿命周期的理念，分析项目投资费用和项目投产后生产经营费用；拆迁补偿费、生活设施费和动力设施费均属于项目投资费用；原材料运输费属于项目投产后生产经营费用。

4. 关于项目建设规模，下列说法正确的是（　　）。

A. 建设规模越大，产生的效益越高

B. 国家不对行业的建设规模设定规模界限

C. 资金市场条件对建设规模的选择起着制约作用

D. 技术因素是确定建设规模需考虑的首要因素

【答案】C

【解析】本题考核项目建设规模的影响因素。制约建设规模合理化的主要因素有市场因素、技术因素和环境因素。A 选项，并不是建设规模越大产生的效益越高，规模的大小需结合相关因素力求达到规模经济；B 选项，为防止项目效率低下和资源浪费，国家对某些行业的项目规定规模界限；C 选项正确；D 选项，确定建设规模首要考虑的因素是市场因素；技术因素中，生产技术和技术装备是项目规模效益生存的基础，管理技术水平是实现规模效益的保证。

5. 在技术改造项目中，可采用生产能力平衡法来确定合理生产规模。下列属于生产能力平衡法的是（　　）。

A. 盈亏平衡产量分析法　　B. 平均成本法

C. 最小公倍数法　　D. 最大工序生产能力法

E. 设备系数法

【答案】CD

【解析】本题考核项目合理建设规模的确定。包括盈亏平衡产量分析法、平均成本法、生产能力平衡法、政府或者行业规定四种方法。其中，生产能力平衡法又有最大工序生产能力法和最小公倍数法。设备系数法是建议书阶段估算静态投资的方法之一。

考点二、投资估算的概念及其编制内容

（一）投资估算的阶段划分与精度要求

国外			国内	
阶段划分	适用情形	精度要求	阶段划分	精度要求
投资设想	无工艺流程图、平面布置图、设备分析	±30%（毛估）	规划、建议书	±30%
机会研究	已有初步工艺流程图、主要生产设备生产能力、地理位置条件	±30%（粗估）	预可研	±20%
初步可研	已有设备规格表、主要生产设备的生产能力和尺寸、总平面布置、建筑物大致尺寸、公用设施初步位置条件	±20%（初估）	可研	±10%
详细可研	细节清楚，但工程图样和技术说明尚不完备	±10%（确估）		
工程设计	已有全部设计图样、技术说明、材料清单、现场勘查资料	±5%（详估）		

（二）投资估算的内容

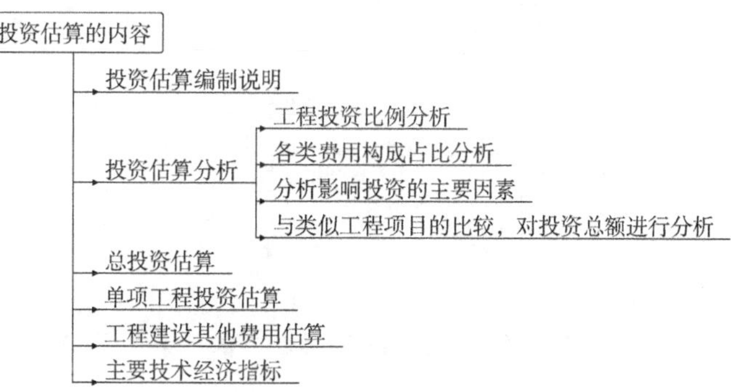

经典真题

1. 关于建设项目投资估算的编制，下列说法正确的是（　　）。

A. 应满足控制施工图预算的要求

B. 应做到费用构成齐全，并适当降低估算标准，节省投资

C. 项目建设书阶段的投资估算精度误差应控制在±20%以内

D. 应对影响造价变动的因素进行敏感性分析

【答案】D

【解析】本题考核投资估算的编制要求。A 选项，投资估算的精度需要满足控制初步设

计概算要求，而不是施工图预算；B 选项，投资估算的工程内容和费用构成要齐全、不重不漏，但不能为了节省投资而降低估算标准，应力求计算合理而不提高或降低；C 选项，项目建议书阶段的投资估算的精度误差应控制在 ±30% 以内。

2. 关于我国项目前期阶段投资估算的精度要求，下列说法中正确的是（　　）。

A. 项目建议书阶段，允许误差大于 ±30%

B. 投资设想阶段，要求误差控制在 ±30% 以内

C. 预可行性研究阶段，要求误差控制在 ±20% 以内

D. 可行性研究阶段，要求误差控制在 ±15% 以内

【答案】C

【解析】本题考核投资估算的阶段划分与精度要求。

考点三、投资估算的编制

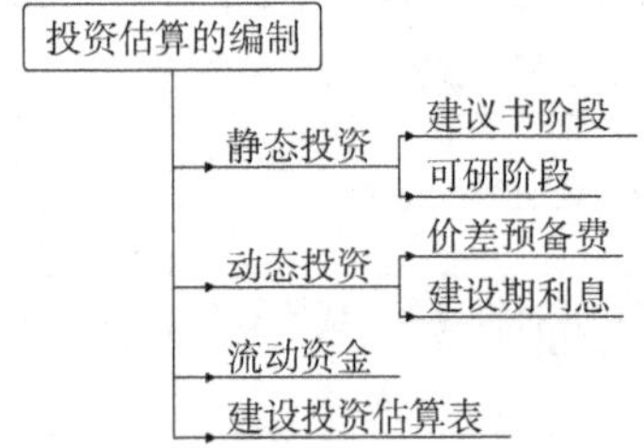

（一）项目建议书阶段静态投资的估算方法

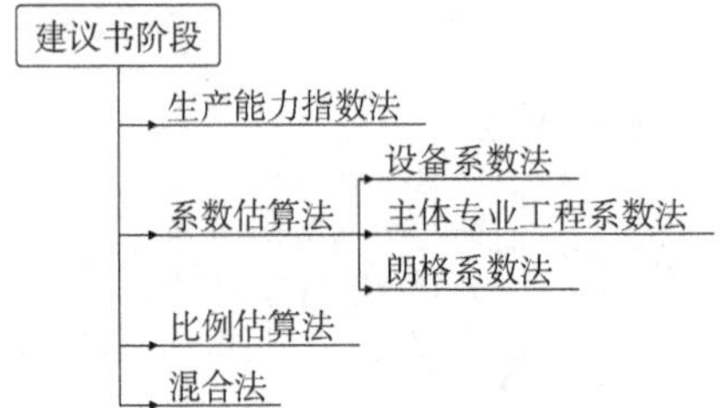

1. 生产能力指数法

生产能力指数法是根据已建成的类似建设项目生产能力和投资额，进行粗略估算拟建项目相关投资额的方法。计算公式如下：

$$C_2 = C_1\left(\frac{Q_2}{Q_1}\right)^x \times f$$

式中　C_2——拟建建设项目的投资额；

C_1——已建成类似建设项目的投资额；

Q_2——拟建建设项目的生产能力；

Q_1——已建成类似建设项目的生产能力；

x——生产能力指数（$0 \leqslant x \leqslant 1$）；若题目背景无已知指数，则指数默认为 1；

f——不同时期、不同地点的定额、单价、费用和其他差异的综合调整系数。

2. 系数估算法

系数估算法是以已知的拟建建设项目主体工程费或主要设备购置费为基数，以其他辅助配套工程费占主体工程费或主要设备购置费的百分比为系数，进行估算拟建建设项目相关投资额的方法。计算公式如下：

$$C = E \times (1 + f_1 P_1 + f_2 P_2 + f_3 P_3 + \cdots) + I$$

式中　C——拟建项目静态投资；

E——拟建项目的主体工程费或主要设备购置费；

P_1、P_2、P_3…——已建成类似项目的辅助配套工程费占主体工程费或主要设备购置费的比重；

f_1、f_2、f_3…——不同建设时间、地点而产生的定额、价格、费用标准等差异调整系数；

I——根据具体情况计算的拟建建设项目各项其他费用。

上述公式适用于设备系数法和主体专业工程系数法。朗格系数法是世界银行项目投资估算的常用方法，以设备购置费为基数进行估算。

3. 比例估算法

比例估算法是根据已知的同类建设项目主要设备购置费占整个建设项目的投资比例，先逐项估算出拟建项目主要设备购置费，再按比例估算拟建建设项目相关投资额的方法。计算公式如下：

$$C = \frac{1}{K}\sum_{i=1}^{n} Q_i P_i$$

式中　C——拟建建设项目的投资额；

K——主要设备购置费占拟建建设项目投资的比例；

n——主要设备的种类数；

P_i——第 i 种主要设备的数量；

Q_i——第 i 种主要设备的购置单价（到厂价格）。

考题直通

本知识点为必考点，要求考生掌握项目建议书阶段静态投资估算方法的分类及具体计算。

（二）可行性研究阶段投资的估算方法

项目建议书阶段，投资估算的精度要求较低，故常采用匡算法进行估算，匡算法原理在第二章第一节已经介绍；可行性研究阶段，投资估算的精度要求较高，具体体现在两个方面：

（1）项目建议书阶段，直接参照拟建类似项目运用相应公式即可估算出拟建项目的静态投资，可行性研究阶段要对静态投资进一步细化，分别估算建筑工程费、安装工程费、设备购置费、工程建设其他费和基本预备费。

（2）在对各项费用进行估算时采用指标估算法，指标估算法的精度要高于匡算法，各项费用运用指标估算法详见下图。

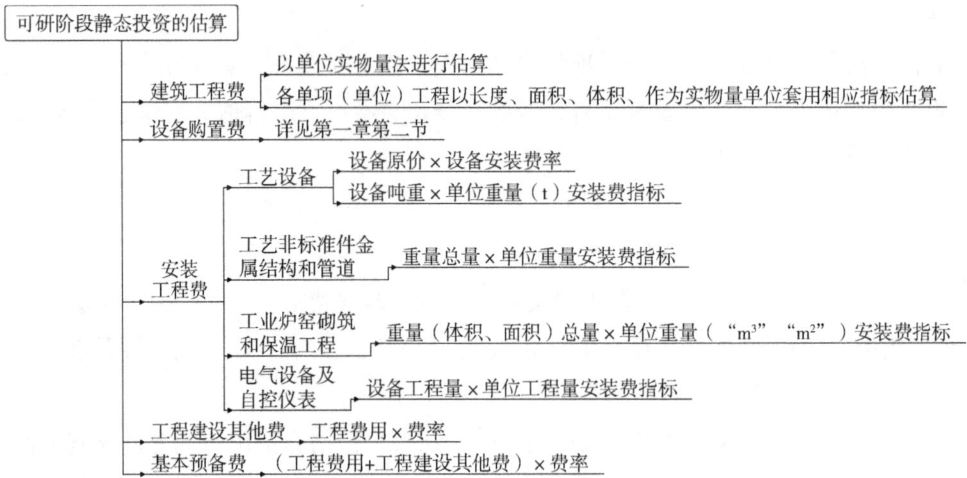

考题直通

本知识点常考题型为建筑工程费和安装工程费的具体估算方法。

（三）动态投资部分的估算方法

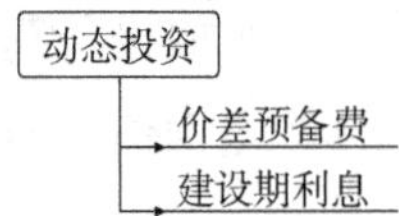

考题直通

本考点需要掌握的为文字性知识点，动态部分的估算应以基准年静态投资的资金使用计划为基础来计算，而不是以编制年静态投资为基础来计算。另外要区分清楚汇率变化对涉外项目的投资额产生影响：①外币对人民币升值。项目从国外市场购买设备材料所支付的外币金额不变，但换算成人民币的金额增加；从国外借款，本息所支付的外币金额不变，但换算成人民币的金额增加；②外币对人民币贬值。项目从国外市场购买设备材料所支付的外币金额不变，但换算成人民币的金额减少；从国外借款，本息所支付的外币金额不变，但换算成人民币的金额减少。

（四）流动资金的估算

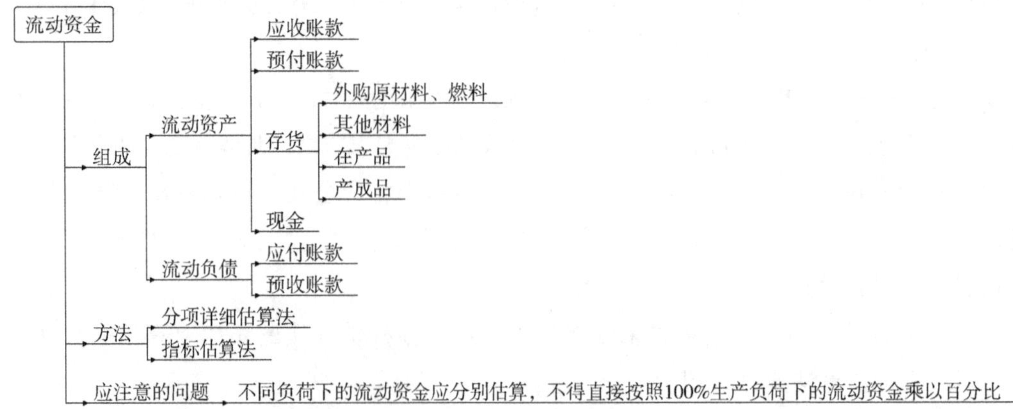

（五）投资估算文件的编制

在编制投资估算文件的过程中，一般需要编制建设投资估算表、建设期利息估算表、流动资金估算表、单项工程投资估算汇总表、总投资估算汇总表和分年度总投资估算表等。对于对投资有重大影响的单位工程或分部分项工程的投资估算应另附主要单位工程或分部分项工程投资估算表，列出主要分部分项工程量和综合单价进行详细估算。其中建设投资估算表的编制方法如下图。

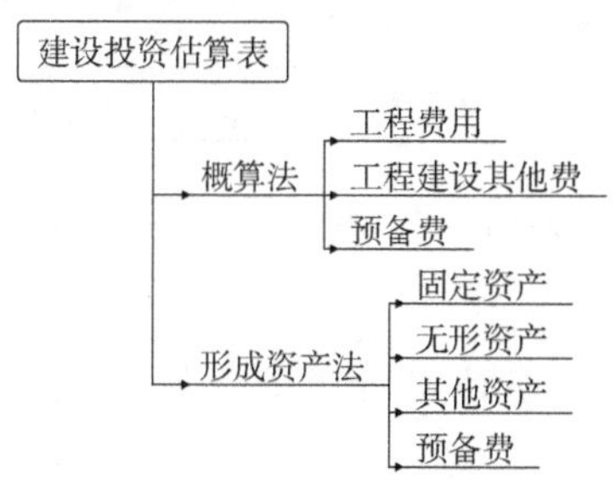

考题直通

本考点常考题型为投资估算文件的组成以及建设投资估算表的编制方法。编制方法中，无论是概算法还是形成资产法均包含预备费。从应试角度讲，形成资产法中，工程建设其他费中的专利权、非专利技术、商标权、土地使用权和商誉等形成无形资产，生产准备费形成其他资产，其余形成固定资产，工程建设其他费中形成固定资产的部分又称固定资产其他费。

经典真题

1. 下列估算方法中，不适用于可行性研究阶段投资估算的有（　　）。

A. 生产能力指数　　B. 比例估算法　　C. 系数估算法　　D. 指标估算法

E. 混合法

【答案】 ABCE

【解析】 本题考核静态投资的估算方法。在项目建议书阶段，投资估算的精度较低，可采取简单的匡算法，如生产能力指数法、系数估算法、比例估算法或混合法等，在条件允许时，也可采用指标估算法；在可行性研究阶段，投资估算精度要求高，需采用相对精度较高的投资估算方法，即指标估算法。

2. 某拟建项目，建筑安装工程费为11.2亿元，设备及工器具购置费为33.6亿元，工程建设其他费为8.4亿元，建设单位管理费为3亿元，基本预备费费率为5%，则拟建项目基本预备费为（　　）亿元。

A. 0.56　　B. 2.24　　C. 2.66　　D. 2.81

【答案】 C

【解析】 本题考核投资估算阶段基本预备费的计算。计算过程：（11.2+33.6+8.4）×

5% =2.66（亿元）。

3. 在国外某地建设一座化工厂，已知设备到达工地的费用（E）为 3000 万美元，该项目的朗格系数（K）及包含的内容见下表。则该工厂的间接费用为（　　）万美元。

朗格系数（K）		3.003
内容	（a）包括基础、设备、油漆及设备安装费	$E\times1.4$
	（b）包括上述在内和配管工程费	（a）×1.1
	（c）装置直接费	（b）×1.5
	（d）包括上述在内和间接费	（c）×1.3

A. 9009　　B. 6930　　C. 2079　　D. 1350

【答案】 C

【解析】 本题考核利用朗格系数法进行投资估算。3000 ×1.4 ×1.1 ×1.5 ×0.3 =2079（万美元）。

4. 下列安装工程费估算公式中，适用于估算工业炉窑砌筑和工艺保温或绝热工程安装工程费的是（　　）。

A. 设备原价×设备安装费率（%）

B. 重量（体积、面积）×单位重量（体积、面积）安装费率指标

C. 设备原价×材料占设备费百分比×材料安装费率（%）

D. 安装工程功能总量×功能单位安装工程费指标

【答案】 B

【解析】 本题考核可研阶段安装工程费的估算。工业炉窑砌筑和保温工程安装费估算，以单项工程为单元，以“t”“m^3”或“m^2”为单位，套用技术标准、材质和规格、施工方法相适应的投资估算指标或类似工程造价资料进行估算。

5. 采用分项详细估算法进行流动资金估算时，应计入流动负债的是（　　）。

A. 预收账款　　B. 存货　　C. 库存资金　　D. 应收账款

【答案】 A

【解析】 本题考核流动资金的组成内容。流动资金 = 流动资产 − 流动负债；流动资产由应收账款、预付账款、现金和存货四部分组成；流动负债由应付账款和预收账款组成。

6. 关于投资决策阶段流动资金的估算，下列说法中正确的有（　　）。

A. 流动资金周转额的大小与生产规模及周转速度直接相关

B. 分项详细估算时，需要计算各类流动资产和流动负债的年周转次数

C. 当年发生的流动资金借款应按半年计息

D. 流动资金借款利息应计入建设期贷款利息

E. 不同生产负荷下的流动资金按 100% 生产负荷下的流动资金乘以生产负荷百分比计算

【答案】 AB

【解析】本题考核流动资金估算相关知识。A、B 选项正确；C 选项，流动资金借款按全年计算利息；D 选项，流动资金借款利息计入生产期间的财务费用；E 选项，不同生产负荷下的流动资金，应按不同生产负荷下所需各项费用金额分别估算，而不能按照 100% 负荷下的流动资金乘以生产负荷比例。

7. 某建设项目投资估算中，建设管理费为 2000 万元，可行性研究费为 100 万元，勘察设计费为 5000 万元，引进技术和引进设备其他费为 400 万元。市政公用设施建设及绿化费为 2000 万元，专利权使用费为 200 万元，非专利技术使用费为 100 万元，生产准备费为 500 万元，则按形成资产法编制建设投资估算表，计入固定资产其他费、无形资产费用和其他资产费用的金额分别为（　　）。

A. 0 万元、300 万元、0 万元

B. 0 万元、700 万元、0 万元

C. 9500 万元、300 万元、500 万元

D. 9100 万元、700 万元、500 万元

【答案】C

【解析】本题考核运用形成资产法编制建设投资估算表。按形成资产法分类，建设投资由固定资产、无形资产、其他资产和预备费四部分组成。工程费用一定形成固定资产，而工程建设其他费形成三类资产，其中专利权、非专利技术、土地使用权及商誉等形成无形资产，生产准备费形成其他资产，其余大部分形成固定资产。

第二节　设计概算的编制

一、框架体系

- 设计概算的编制
  - 概述
  - 设计阶段影响工程造价的主要因素
  - 设计概算的概念及其编制内容
  - 设计概算的编制、编制依据及要求

二、考点预测

1. 总平面设计影响工程造价的主要因素。
2. 平面形状、建筑结构、柱网布置影响工程造价的主要因素。
3. 政府投资项目设计概算的调整情形及调整程序。
4. 设计概算的组成内容及各组成部分的费用构成。
5. 单位建筑工程设计概算的编制方法及各方法的适用范围、编制程序。
6. 单位安装工程设计概算的编制方法及各方法的适用范围。

三、考点详解

考点一、概述

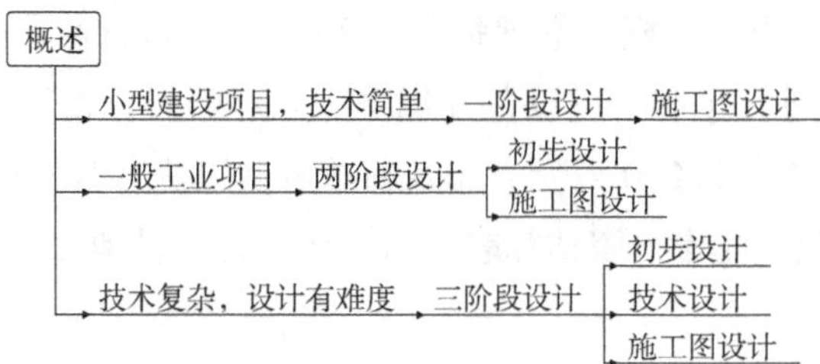

经典真题

1. 下列关于工程设计阶段划分的说法中，错误的是（　　）。

A. 工业项目的两阶段设计是指初步设计、施工图设计

B. 民用建筑工程一般可分为总平面设计、方案设计、施工图设计 3 个阶段

C. 技术简单的小型工业项目，经项目相关管理部门同意后，可简化为一阶段设计

D. 技术上复杂、在设计时有一定难度的工程可以按三阶段设计

【答案】 B

【解析】 本题考核阶段设计的分类。一般工业项目设计可按初步设计和施工图设计进行两阶段设计；对于技术上复杂、在设计时有一定难度的工程，可以按初步设计、技术设计和施工图设计进行三阶段设计。小型工程建设项目，技术上较简单的，经项目相关管理部门同意可以简化为施工图设计一阶段进行。

考点二、设计阶段影响工程造价的主要因素

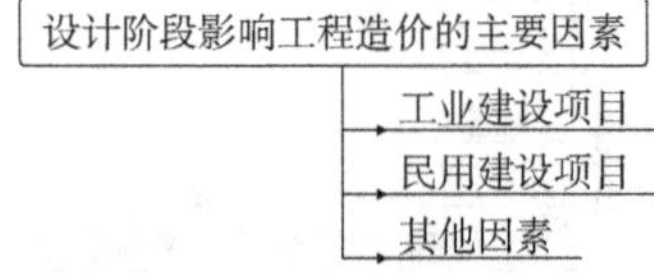

（一）影响工业建设项目工程造价的主要因素

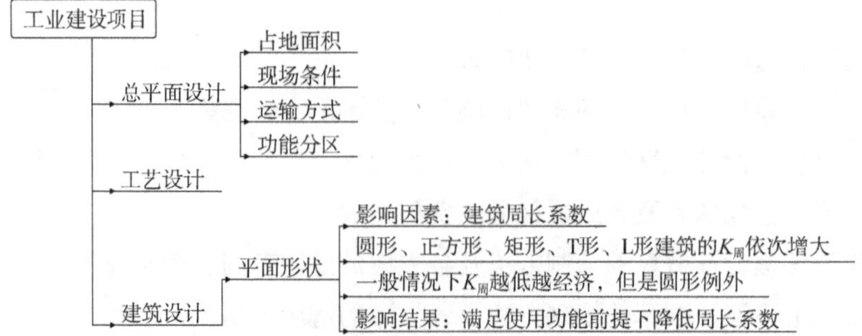

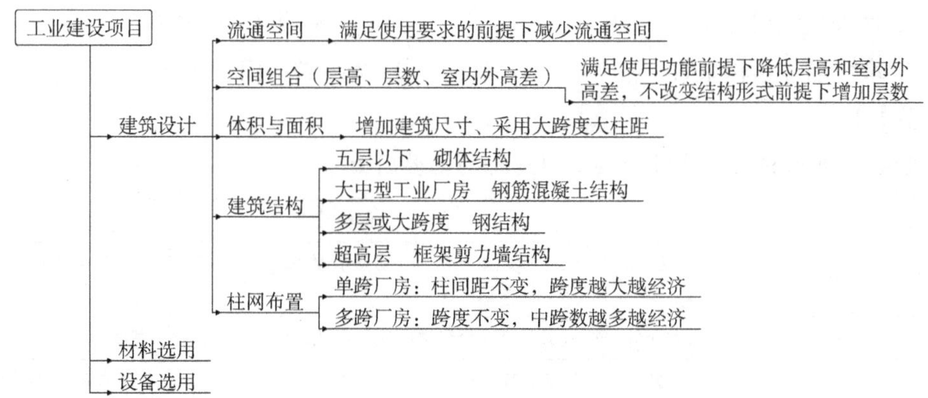

考题直通

本知识点重点考核总平面设计影响工程造价的因素及建筑设计的众多因素如何影响建设工程造价，相对而言后者考核频率更高，属于本节的难点内容之一。

（二）影响民用建设项目工程造价的主要因素

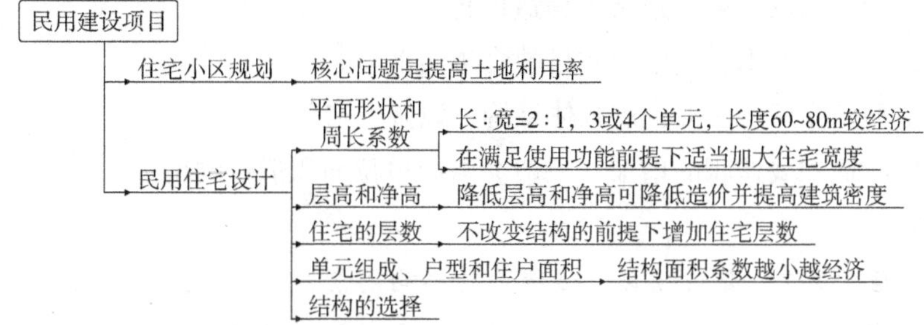

（三）影响工程造价的其他因素

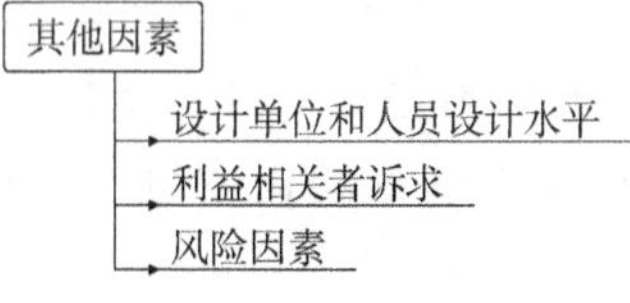

经典真题

1. 单层大跨度工业厂房的设计，应选择的结构类型为（　　）。

A. 木结构　　　　B. 砌体结构

C. 钢结构　　　　D. 钢筋混凝土结构

【答案】 C

【解析】 本题考核设计概算阶段影响工程造价的主要因素。对于五层以下的建筑物一般选用砌体结构；对于大中型工业厂房一般选用钢筋混凝土结构；对于多层房屋或大跨度建筑，选用钢结构明显优于钢筋混凝土结构；对于高层或者超高层建筑，框架结构和剪力墙结构比较经济。

2. 在满足住宅功能和质量的前提下，下列设计手法中，可降低单位建筑面积造价的是（　　）。

A. 增加住宅层高　　　　　　　　　　B. 分散布置公共设施

C. 增大墙体面积系数　　　　　　　　D. 减少结构面积系数

【答案】D

【解析】本题考核民用建筑影响工程造价的主要因素。

影响因素	影响结果
平面形状、周长系数	长∶宽 =2∶1 为佳，3 或 4 个单元、房屋长度 60 ~ 80m 较为经济，因为可以降低墙体面积系数
层高、净高	层高降低，有利于节约造价和增加建筑密度，但要注意使用功能要求
层数	一定幅度内增加层数可以降低造价，但超过限度需要改变结构形式而使单位面积造价增加
单元组成、户型和住户面积	三居室比两居室经济，四居室比三居室经济，主要指标为结构面积系数，结构面积系数越小越经济
结构形式	应因地制宜、就地取材，采用适合本地区经济合理的结构形式

3. 关于建筑设计因素对工业项目工程造价的影响，下列说法中正确的是（　　）。

A. 建筑周长系数越高，建筑工程造价越低

B. 多跨厂房跨度不变，中跨数目越多越经济

C. 大中型工业厂房一般选用砌体结构，以降低造价

D. 建筑物面积或体积的增加，一般会引起单位面积造价的增加

【答案】B

【解析】本题考核工业建设项目工程造价的影响因素。A 选项，一般情况下，建筑周长系数越低，设计越经济；B 选项，对于单跨厂房，当柱间距不变时，跨度越大越经济，对于多跨厂房，当跨度不变时，中跨数越多越经济；C 选项，对于建筑结构的选择，五层以下一般选用砌体结构，大中型工业厂房宜选用钢筋混凝土结构，多层房屋或大跨度建筑选用钢结构较好，高层及超高层选用框架和剪力墙结构比较经济；D 选项，建筑物面积或体积的增加，一般会引起单位面积造价的降低。

4. 在满足建筑物使用要求的前提下，关于设计阶段影响工程造价的因素，下列说法正确的有（　　）。

A. 流通空间越大，工业建筑物越经济

B. 建筑层高越高，工程造价越高

C. 对于单跨厂房，当柱间距不变时，跨度越大，单位面积造价越低

D. 对于多跨厂房，当跨度不变时，中跨数目越多，单位面积造价越低

E. 住宅层数越多，单位面积造价越低

【答案】BCD

【解析】本题考核设计概算阶段影响工程造价的主要因素。在满足建筑物使用要求的前提下，应将流通空间减少到最小；在建筑面积不变的情况下，建筑层高的增加会引起各项费用的增加；对于单跨厂房，当柱间距不变时，跨度越大单位面积造价越低；对于多跨厂房，

当跨度不变时，中跨数目越多越经济，这是因为柱子和基础分摊在单位面积上的造价减少。

考点三、设计概算的概念及其编制内容

（一）设计概算的层次及调整规定

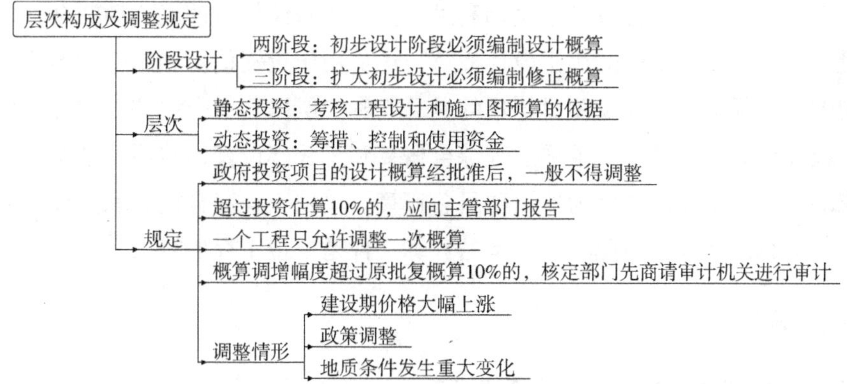

（二）设计概算的编制形式

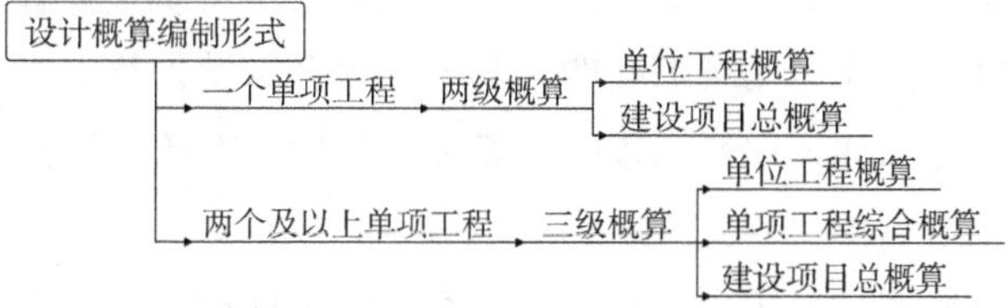

考题直通

本知识点为高频考点，一般情况下，设计概算文件的编制应采用单位工程概算、单项工程综合概算、建设项目总概算三级概算编制形式。当建设项目为一个单项工程时，可采用单位工程概算、总概算两级概算编制形式。

（三）三级概算之间的关系及费用构成

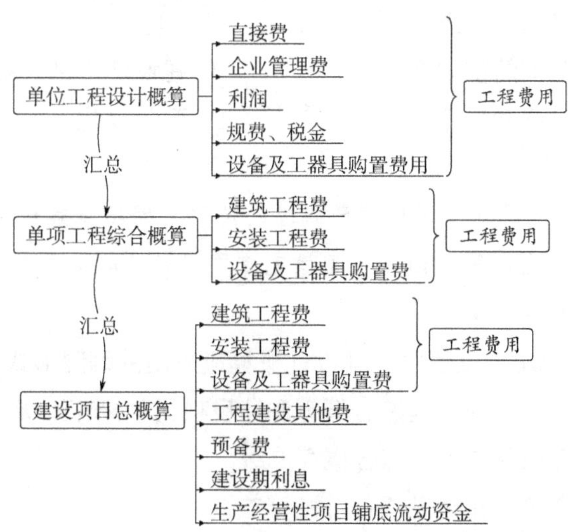

考题直通

单位工程概算体现的是工程费用，单项工程综合概算仅仅是该单项工程所包含的各单位工程概算的汇总，所以也体现的是工程费用，建设项目总概算在汇总各单项工程概算后，还要考虑工程建设其他费、预备费、建设期利息及生产经营性项目铺底流动资金，体现的是建设项目总投资。上述理论不仅适用于设计概算，还适用于投资估算和施工图预算，即单位和单项工程均体现工程费用，建设项目体现的是总投资。所以若干个单位工程综合概算汇总后成为单项工程综合概算，若干个单项工程综合概算和工程建设其他费用、预备费、建设期利息、铺底流动资金等概算汇总后为建设项目总概算。单项工程综合概算和建设项目总概算仅是一种归纳、汇总性文件，因此，最基本的计算文件是单位工程概算书。

经典真题

1. 关于设计概算的编制，下列计算式正确的是（　　）。

A. 单位工程概算 = 人工费 + 材料费 + 施工机具使用费 + 企业管理费 + 利润

B. 单项工程综合概算 = 建筑工程费 + 安装工程费 + 设备及工器具购置费

C. 单项工程综合概算 = 建筑工程费 + 安装工程费 + 设备及工器具购置费 + 工程建设其他费用

D. 建设项目总概算 = 各单项工程综合概算 + 建设期利息 + 预备费

【答案】 B

【解析】 本题考核设计概算的汇总。单位工程设计概算就是工程费用，即建筑安装工程费（人、材、机、管、利、规、税）和设备及工器具购置费之和；单项工程综合概算是单位工程概算的汇总，即建筑安装工程费和设备工器具购置费；建设项目总概算在各单项工程综合概算的基础上还需要加工程建设其他费、预备费、建设期利息和铺底流动资金。

2. 下列原因中，不能据以调整设计概算的是（　　）。

A. 超出原设计范围的重大变更　　B. 建设期价格大幅上涨

C. 地质条件发生重大变化　　D. 政策变化

【答案】 A

【解析】 本题考核经申请可以调整设计概算的情形。因项目建设期价格大幅上涨、政策调整、地质条件发生重大变化等原因导致原核定概算不能满足工程实际需要的，可以向原概算审批部门或核定部门核定。

3. 当建设项目为一个单项工程时，其设计概算应采用的编制形式是（　　）。

A. 单位工程概算、单项工程综合概算和建设项目总概算三级

B. 单位工程概算和单项工程综合概算二级

C. 单项工程综合概算和建设项目总概算二级

D. 单位工程概算和建设项目总概算二级

【答案】D

【解析】本题考核设计概算的编制形式。设计概算包括单位工程概算、单项工程综合概算和建设项目总概算三级，当只有一个单项工程时，可采用单位工程概算、总概算两级；设计概算应按编制时项目所在地的价格水平编制，反映编制时的实际投资；编制设计概算时应合理预计建设期价格水平，考虑资产租赁和贷款的时间价值对投资的影响。

4. 关于单位工程概算的费用组成，下列表述中正确的是（　　）。

A. 由直接费、企业管理费、利润、规费组成

B. 由直接费、企业管理费、利润、规费、税金组成

C. 由直接费、企业管理费、利润、规费、税金、设备及工器具购置费组成

D. 由直接费、企业管理费、利润、规费、税金、设备及工器具购置费、工程建设其他费组成

【答案】C

【解析】本题考核单位工程概算的组成。单位工程概算的费用由直接费、企业管理费、利润、规费、税金、设备及工器具购置费组成。

考点四、设计概算的编制

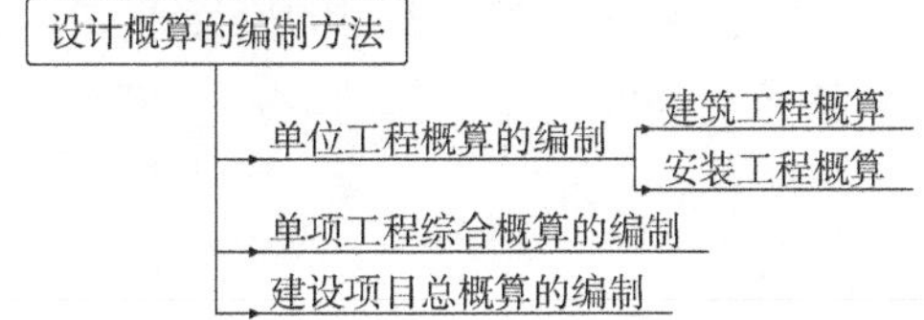

（一）单位建筑工程概算的编制

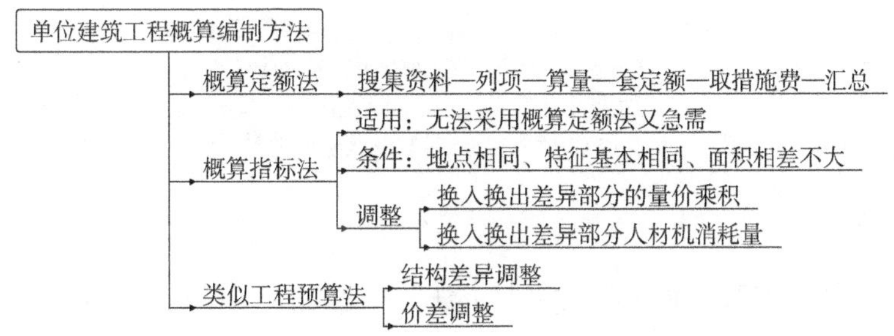

考题直通

本知识点首先要掌握单位建筑工程概算编制方法名称；其次要掌握每一种方法的核心。

（1）概算定额法，又称扩大单价法或扩大结构定额法，注意不要与单位安装工程中的预算单价法和扩大单价法混淆；另外，要掌握采用概算定额法编制设计概算的基本步骤，无论计算何种造价，核心步骤均为：列项→计算工程量→套定额→计算费用→计取其他费用。

（2）概算指标法中价格和人材机消耗量的调整为难点，也是重点，经常出现计算题。当拟建类似项目与概算指标的项目某结构部位做法不同时，就需要对原概算指标进行调整。

调整分为价格调整和人材机消耗量的调整。价格调整，即在原概算指标中扣除已建类似项目的某种材料的消耗量乘以单价，加上拟建项目的某种材料消耗量乘以相应单价；人材机消耗量的调整也是同样道理，在原概算指标中扣除已建类似某部位的人材机消耗量，加上拟建项目相应部位的人材机消耗量。

（3）类似工程预算法的重点仍然是差异调整，包括结构差异调整和价差调整，结构差异调整与概算指标的调整方法相同。价差调整思路为用类似工程单价乘以相应的综合调整系数。综合调整系数即用各类费用占比乘以相应的差异系数再相加，公式为：

$$D = A \times K$$

$$K = a\% K_1 + b\% K_2 + c\% K_3 + d\% K_4$$

式中 D——拟建工程成本单价；

A——类似工程成本单价；

K——成本单价综合调整系数；

$a\%$、$b\%$、$c\%$、$d\%$——类似工程预算的人工费、材料费、施工机具使用费、企业管理费占预算成本的比重，如：$a\%$ =类似工程人工费/类似工程预算成本×100%，$b\%$、$c\%$、$d\%$类同；

K_1、K_2、K_3、K_4——拟建工程地区与类似工程预算成本在人工费、材料费、施工机具使用费、企业管理费之间的差异系数，如 K_1 = 拟建工程概算的人工费（或工资标准）/类似工程预算人工费（或地区工资标准），K_2、K_3、K_4 类同。

（二）单位安装工程概算的编制

单位安装工程概算编制方法

- 预算单价法：初步设计较深、有详细设备清单，直接按预算定额编制
- 扩大单价法：设计深度不够，只有主体设备或仅有成套设备时
- 设备价值百分比法：初步设计深度不够，只有设备出厂价，适用于价格波动不大的定型或通用产品
- 综合吨位指标法：适用于价格波动较大的非标准设备或引进设备

考题直通

本知识点需要掌握安装工程概算的编制方法分类及各方法的适用场合。

经典真题

1. 某单位建筑工程的初步设计采用的技术比较成熟，但由于设计深度不够，不能准确计算出工程量，若急需该单位建筑工程概算时，可采用的概算编制方法有（　　）。

A. 预算单价法　　B. 概算定额法

C. 概算指标法　　D. 类似工程预算法

E. 扩大单价法

【答案】CD

【解析】本题考核建筑工程概算的编制方法。具体有概算定额法、概算指标法、类似工程预算法。在方案设计中，如果初步设计达到一定深度，结构尺寸明确，能够计算工程量的应采用概算定额法；如果无详图而只有概念性设计时，或初步设计深度不够，不能准确地计算出工程量，但工程设计采用的技术比较成熟时可以选定与该工程相似类型的概算指标编制概算；当初步设计与已完工程或在建工程设计类似而又无可用的概算指标时，可以采用类似工程预算法。

2. 采用概算定额法编制设计概算的主要工作步骤有：①套用各子目的综合单价；②搜集基础资料；③计算措施项目费；④编写概算编制说明；⑤汇总单位工程造价；⑥计算工程量。上述工作步骤正确的排序是（　　）。

A. ②⑥①③⑤④　　B. ④②⑥①⑤③

C. ②⑥④①③⑤　　D. ④⑥②①⑤③

【答案】A

【解析】本题考核运用概算定额法编制设计概算的步骤。整体步骤为收集资料、按定额子目计算工程量、套定额计算分部分项工程费、计算措施项目费、汇总概算造价、编写编制说明。

3. 某地新建单身宿舍一座，当地同期类似工程概算指标为900元/m^2，该工程基础为混凝土结构，而概算指标对应的基础为毛石混凝土结构，已知该工程与概算指标每100m^2建筑面积中分摊的基础工程量均为15m^2，同期毛石混凝土基础综合单价为580元/m^2，混凝土基础综合单价为640元/m^2，则经结构差异修正后的概算指标为（　　）元/m^2。

A. 891　　B. 909　　C. 906　　D. 993

【答案】B

【解析】本题考核概算指标编制设计概算。$900+(640-580)\times15\%=909$（元/$m^2$）。

4. 某地市政道路工程，已知与其类似已完工程造价指标为600元/m^2，人、材、机分别占工程造价10%、50%、20%，拟建工程与类似工程人、材、机差异系数分别为1.1、1.05、1.05，假定以人、材、机为基数取费，综合费率为25%，则该工程综合单价为（　　）元/m^2。

A. 507　　B. 608.4　　C. 633.75　　D. 657

【答案】C

【解析】本题考核运用类似工程预算法计算成本单价。$600\times(10\%\times1.1+50\%\times1.05+20\%\times1.05)\times(1+25\%)=633.75$（元/$m^2$）。

5. 当初步设计深度不够，只有设备出厂价而无详细规格、重量时，编制设备安装工程费概算可选用的方法是（　　）。

A. 设备价值百分比法　　B. 设备系数法

C. 综合吨位指标法　　D. 预算单价法

【答案】A

【解析】本题考核设计概算中安装工程费的计算方法及适用范围。详见下表。

方法	适用范围
预算单价法	初步设计较深，有详细的设备清单
扩大单价法	设计深度不够，设备清单不完备，只有主体设备或仅有成套设备重量
设备价值百分比法	初步设计深度不够，只有设备出厂价而无详细规格、重量，且价格波动不大
综合吨位指标法	设备价格波动较大的非标准设备或引进设备的安装

第三节　施工图预算的编制

一、框架体系

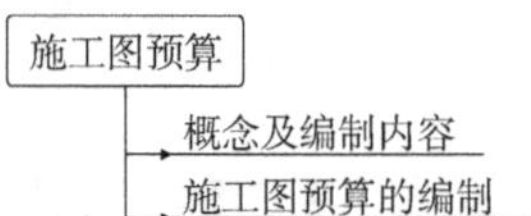

二、考点预测

1. 施工图预算对投资方和施工单位的作用。
2. 施工图预算文件的组成（二级预算文件和三级预算文件的具体内容）。
3. 单价法和实物量法计算建筑安装工程费的程序及异同点。

三、考点详解

考点一、施工图预算的概念及其编制内容

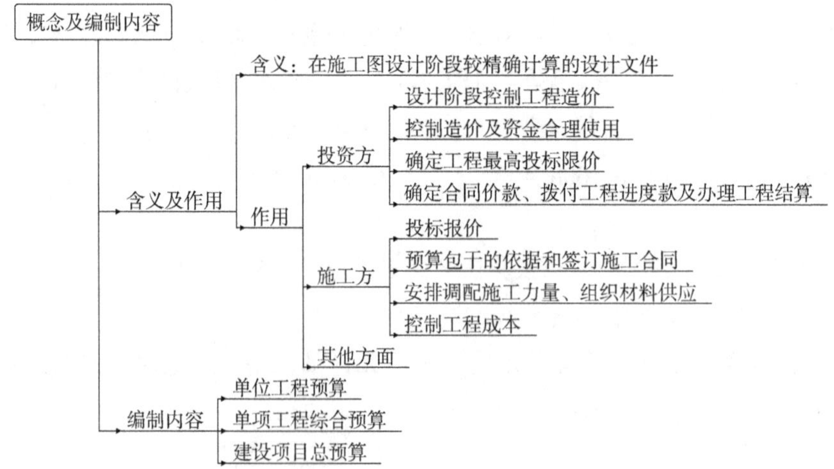

考题直通

本考点需要注意的知识点如下：

①施工图预算可以是计划或预期性质的，也可以是市场性质的。计划或预期性质是指采用预算单价编制完成的；市场性质是指依据企业定额、市场单价等编制完成的，具有竞争性。

②施工图预算编制形式与设计概算一样，可以采用三级编制形式或二级编制形式。详见本章第二节考点三设计概算的编制形式。

③与设计概算一样，施工图预算也是由单位工程预算、单项工程综合预算和建设项目总预算组成。单位工程预算体现的是工程费用；单项工程综合预算是单位工程预算的汇总，体现的也是工程费用；建设项目总预算除了汇总各单项工程综合预算外，还需要考虑工程建设其他费、预备费、建设期利息及生产经营性项目铺底流动资金。

经典真题

1. 施工图预算的三级预算编制形式由（　　）组成。

A. 单位工程预算、单项工程综合预算、建设项目总预算

B. 静态投资、动态投资、流动资金

C. 建筑安装工程费、设备购置费、工程建设其他费

D. 单项工程综合预算、建设期利息、建设项目总预算

【答案】A

【解析】本题考核概算形式及费用组成。三级预算编制形式由建设项目总预算、单项工程综合预算、单位工程预算组成。

2. 关于施工图预算，下列说法中正确的是（　　）。

A. 只有一个单项工程时应采用二级预算

B. 其成果文件一般不属于设计文件的组成部分

C. 可以由施工企业根据企业定额考虑自身实力编制

D. 其价格性质为预期，不具有市场性质

【答案】C

【解析】本题考核施工图预算的含义。只有一个单项工程时应采用二级预算；施工图预算可以按照政府规定的预算单价、取费标准及程序计算而得到计划或者预期性质的预算价格，也可以通过招标投标程序后，施工企业依据自身实力、企业定额及市场价得到的市场性质的预算价格。

3. 关于施工图预算的编制，下列说法正确的有（　　）。

A. 施工图总预算应控制在已批准的设计总概算范围内

B. 施工图预算采用的价格水平应与设计概算编制时期的保持一致

C. 只有一个单项工程的建设项目，应采用三级预算编制形式

D. 单项工程综合预算由组成该单项工程的各个单位工程预算汇总而成

E. 施工图预算编制时已发生的工程建设其他费按合理发生金额列计

【答案】ADE

【解析】本题考核编制施工图预算相关知识点。A 选项正确；B 选项，编制施工图预算坚持结合拟建工程的实际，反映工程所在地当时价格水平的原则；C 选项，当建设项目只有一个单项工程时，应采用二级预算编制形式；D 选项正确；E 选项正确。

考点二、施工图预算的编制

施工图预算的编制方法
- 单位工程施工图预算的编制
- 单项工程综合预算的编制
- 建设项目总预算的编制

考题直通

本考点考核重点为单位工程施工图预算编制中建筑安装工程费的计算。

1. 计算方法

分为单价法和实物量法，单价法又分为工料单价和全费用综合单价，较常采用的是工料单价法。

2. 编制步骤

（1）工料单价法：准备工作→列项算量→套预算单价定额→工料分析→计算主材费、调整直接费→计取其他费用→复核并编制封面和说明。

（2）实物量法：准备工作→列项算量→套消耗量定额计算人材机消耗量→计算并汇总直接费（采用市场价）→计取其他费用→复核并编制封面和说明。

3. 两种方法的不同点

（1）工料单价法套用的是预算单价定额，直接算出预算直接费；实物量法套用的是消耗量定额，计算出来的是人材机消耗量；所以实物量法无须编制工料分析表。

（2）工料单价法采用的是预算单价，实物量法直接采用市场价，所以实物量法无须调整主材费。

经典真题

1. 采用实物量法与工料单价法编制施工图预算，其工作步骤的差异体现在（　　）。

A. 工程量计算　　B. 直接费的计算

C. 企业管理费的计算　　D. 税金的计算

【答案】B

【解析】本题考核实物量法与工料单价法的差别。无论是哪种方法，工程量计算都是都一样的，关键不同点在于定额的套用。工料单价法直接套用预算定额，得到人材机费用；而实物量法是套消耗量定额得到人材机消耗量，再用市场价得到人材机费用。两者企业管理费、利润、规费与税金的计算方法是相同的。

2. 工料单价法编制施工图预算的工作有：①计算主材费，②套用工料单价，③按计价程序计取其他费用，④划分工程项目和计算工程量，⑤进行工料分析。下列工作排序正确的是（　　）。

A. ④②⑤①③　　B. ④⑤①②③

C. ②④⑤①③　　D. ④②③⑤①

【答案】A

【解析】本题考核工料单价法的计价程序。具体程序如下：准备工作→划分工程项目和工程量计算→套用预算定额计算直接费→编制工料分析表→计算主材费并调整直接费→按计价程序计取其他费并汇总造价→复核→填写封面、编制说明。

第四章

建设项目发承包阶段合同价款的约定

第一节　招标工程量清单与最高投标限价的编制

一、框架体系

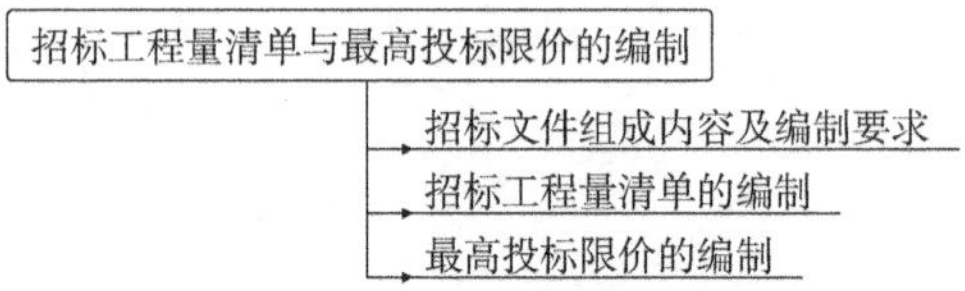

招标工程量清单与最高投标限价的编制
- 招标文件组成内容及编制要求
- 招标工程量清单的编制
- 最高投标限价的编制

二、考点预测

1. 招标文件的组成内容（招标公告与投标邀请书、投标人须知与前附表、投标准备时间）。
2. 招标文件澄清与修改的相关规定。
3. 拟定常规施工组织设计需注意的问题。
4. 其他项目清单各项内容的确定。
5. 最高投标限价的适用范围及编制依据。
6. 编制最高投标限价的具体规定。
7. 编制最高投标限价时其他项目清单中各项目金额的确定。
8. 编制最高投标限价时应注意的问题。

三、考点详解

考点一、招标文件的组成内容及其编制要求

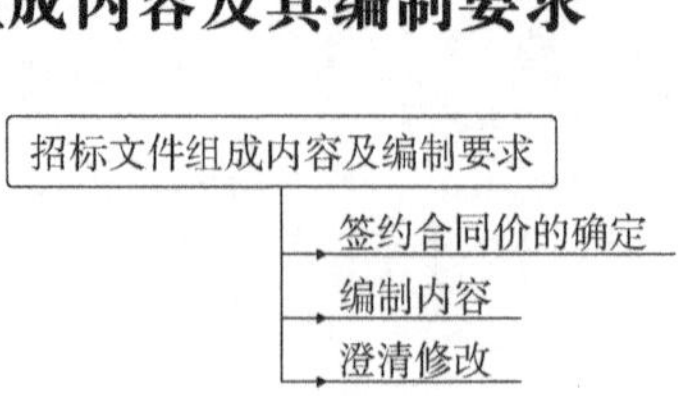

招标文件组成内容及编制要求
- 签约合同价的确定
- 编制内容
- 澄清修改

（一）签约合同价的确定

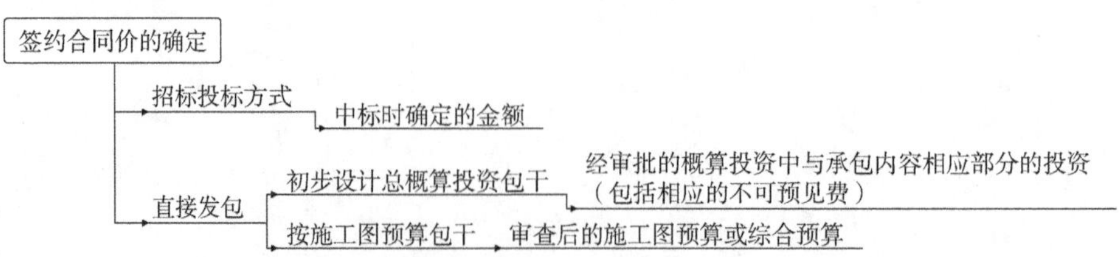

签约合同价的确定
- 招标投标方式
  - 中标时确定的金额
- 直接发包
  - 初步设计总概算投资包干
    - 经审批的概算投资中与承包内容相应部分的投资（包括相应的不可预见费）
  - 按施工图预算包干
    - 审查后的施工图预算或综合预算

（二）招标文件的组成内容

考题直通

本知识点主要考核招标文件的组成及各组成部分的具体内容。

（1）招标文件的组成（公告须知投标函，图合标准评清单）：

1）招标公告（或投标邀请书）。

2）投标人须知及前附表。

3）投标文件格式。

4）图纸。

5）合同条款及格式。

6）技术标准和要求。

7）评标办法。

8）工程量清单（最高招标限价）。

9）投标人须知前附表规定的其他材料。

（2）招标文件各组成部分的详细内容需要注意以下几点：

1）招标公告（或投标邀请书）：当未进行资格预审时，招标文件中应包括招标公告。当进行资格预审时，招标文件中应包括投标邀请书，该邀请书可代替资格预审通过通知书。

2）投标人须知前附表：务必与招标文件的其他章节相衔接，并不得与投标人须知正文的内容相抵触，否则抵触内容无效。

3）投标准备时间：是指自招标文件开始发出之日起至投标人提交投标文件截止之日止，最短不得少于20天。采用电子招标投标在线提交投标文件的，最短不少于10日。

4）评标办法：分为经评审的最低投标价法和综合评估法。

5）技术标准和要求：招标文件中规定的各项技术标准均不得要求或标明某一特定的专利、商标、名称、设计、原产地或生产供应者，不得含有倾向或者排斥潜在投标人的其他内容。如果必须引用某一生产供应商的技术标准才能准确或清楚地说明拟招标项目的技术标准时，则应当在参照后面加上"或相当于"的字样。

（三）澄清修改

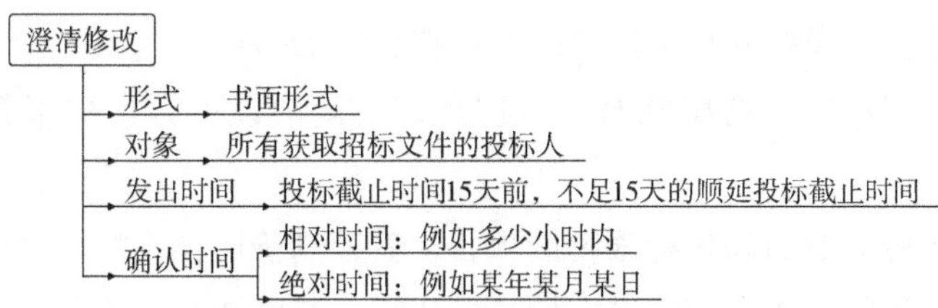

考题直通

澄清修改分为两类：一类是招标人发现投标文件错误，主动进行澄清修改；另一类是投标人发现招标文件错误向招标人提出质疑后招标人进行澄清修改，投标人向招标人提出质疑时，要求投标人在规定时间内以书面形式进行质疑。而且招标人澄清时不得指明问题来源。

经典真题

1. 关于建设工程施工招标文件，下列说法正确的是（　　）。

A. 工程量清单不是招标文件的组成部分

B. 由招标人编制的招标文件只对投标人具有约束力

C. 招标项目的技术要求可以不在招标文件中描述

D. 招标人可以对已发出的招标文件进行必要的修改

【答案】D

【解析】本题考核招标文件的编制。A 选项，招标工程量清单必须作为招标文件的组成部分；B 选项，招标人对招标工程量清单的准确性和完整性负责；C 选项，招标文件应包含技术标准和要求；D 选项正确。

2. 关于施工招标文件的疑问和澄清，下列说法正确的是（　　）。

A. 投标人可以口头方式提出疑问

B. 投标人不得在投标截止前的 15 天内提出疑问

C. 投标人收到澄清后的确认时间应按绝对时间设置

D. 招标文件的书面澄清应发给所有投标人

【答案】D

【解析】本题考核招标文件的澄清修改。招标人对招标文件的澄清修改，可以是投标人提出疑问后的澄清修改，也可以是招标人发现招标文件错误主动提出的澄清修改。注意以下要点：①投标人对招标文件有疑问，应在规定时间内以书面形式要求招标人修改；②招标人澄清修改的内容同样以书面形式发出，而且需要发送给所有招标文件收受人；③不能指明问题来源；④对发出的澄清修改还要符合时间规定，即投标截止时间 15 日前，如果发出澄清时间距投标截止时间不足 15 日，应顺延投标截止时间；⑤投标人收到招标人的澄清修改内容需要向招标人进行书面确认，确认时间可以是相对时间，也可以是绝对时间。

3. 根据《标准施工招标文件》，下列有关施工招标的说法正确的有（　　）。

A. 当进行资格预审时，招标文件中应包括投标邀请书

B. 采用电子招标投标的投标准备时间不得少于 15 日

C. 投标人对招标文件有疑问时，应在规定时间内以电话、电报等方式要求招标人澄清

D. 按照规定应编制最高投标限价的项目，其控制价应在招标文件中公布

E. 最低投标限价应依据国家发布的计价依据、标准和办法编制

【答案】AD

【解析】本题考点较综合。A 选项正确；B 选项，电子招标投标时投标准备时间不得少于 10 日；C 选项，投标人提出疑问应当以书面方式提出，书面方式包括信函、电报、传真、

邮件等，但电话不属于书面形式；D 选项正确；E 选项，招标人不得规定最低投标限价。

考点二、招标工程量清单的编制

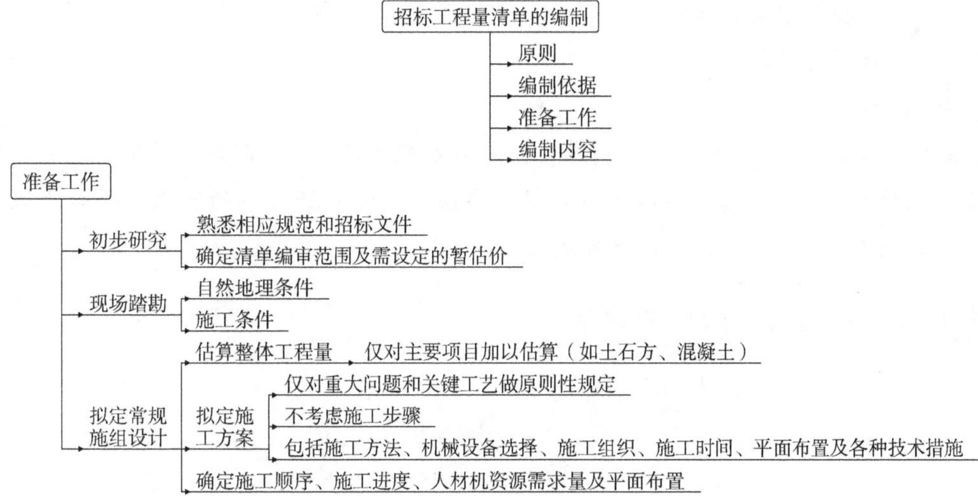

考题直通

本考点中准备工作和编制内容是高频考点。编制内容详见第二章第二节相关知识点；招标工程量清单的编制原则为实体净量、量价分离、风险分担。

经典真题

1. 为编制招标工程量清单，在拟定常规的施工组织设计时，正确的做法是（　　）。

A. 根据概算指标和类似工程估算整体工程量时，仅对主要项目加以估算

B. 拟定施工总方案时需要考虑施工步骤

C. 在满足工期要求的前提下，施工进度计划应尽量推后以降低风险

D. 在计算人材机资源需要量时，不必考虑节假日、气候的影响

【答案】 A

【解析】 本题考核拟定常规施工组织设计时需注意的问题。详见下表：

程序	备注
估算整体工程量	仅对主要项目加以估算
拟定施工总方案	只需对重大问题和关键工艺做原则性规定，无须考虑施工步骤
确定施工顺序	—
编制施工进度计划	不增加资源的前提下尽量提前
计算人材机资源需求量	需要考虑气候、节假日等因素
施工平面的布置	—

2. 为满足施工招标工程量清单编制的需要，招标人需拟定施工总方案，其主要内容包括（　　）。

A. 施工方法　　　　B. 施工步骤

C. 施工机械设备的选择　　　　D. 施工顺序

E. 现场平面布置

【答案】 ACE

【解析】 本题考核施工总方案的内容。施工总方案只需对重大问题和关键工艺做原则性的规定，无须考虑施工步骤，主要包括：施工方法，施工机械设备的选择，科学的施工组织，合理的施工时间，现场的平面布置及各种技术措施。

考点三、最高投标限价的编制

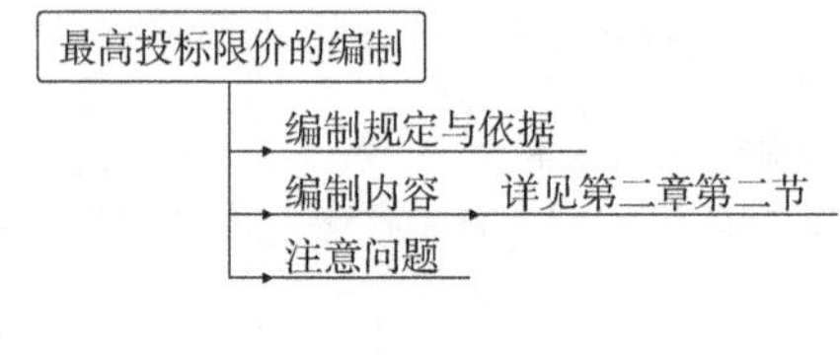

（一）编制规定与依据

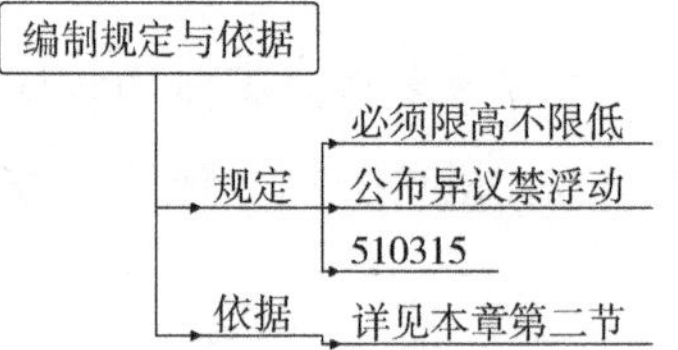

考题直通

本知识点为历年真题高频考点，且与案例分析结合紧密。

1. 最高招标限价的相关规定

（1）必须限高不限低：国有资金投资的建筑工程招标的，应当设有最高投标限价，不得规定最低投标限价。

（2）公布异议禁浮动。

1）公布：招标人应当在招标文件中公布最高招标限价的总价，以及各单位工程的分部分项工程费、措施项目费、其他项目费、规费和税金（最高招标限价不得仅公布总价）。

2）异议：投标人经复核认为招标人公布的最高招标限价未按规定进行编制的，应在最高招标限价公布后 5 天内向招标投标监督机构和工程造价管理机构投诉。

3）禁浮动：最高招标限价应当依据工程量清单、工程计价有关规定和市场价格信息等编制，并不得进行上浮或下调；最高招标限价超过批准的概算时，招标人应将其报原概算审批部门审核（虽然设计概算已经批准，一般不得调整，但如果最高招标限价超过了设计概算，仍然应按规定调整设计概算而不能下调最高招标限价）。

（3）510315。

1）5：投标人经复核认为招标人公布的最高招标限价未按规定进行编制的，应在最高招标限价公布后5天内向招标投标监督机构和工程造价管理机构投诉。

2）10：工程造价管理机构受理投诉后，应当在受理投诉的10天内完成复查。

3）3：最高招标限价复查结论与原公布的最高招标限价误差大于±3%时，应责成招标人改正。

4）15：当重新公布最高招标限价时，若重新公布之日起至原投标截止期不足15天的应延长投标截止期。

2. 最高招标限价与标底的区别

国有资金投资的建设项目，最高招标限价具有强制性，必须编制，而标底不具有强制性，招标人可根据实际情况决定是否编制标底，一旦决定编制标底，则标底在开标之前应当保密。

（二）编制最高招标限价应注意的问题

编制招标控制价应注意的问题
- 官价优先再市场，市场价格需说明
- 施工机械选择要经济实用，先进高效
- 三不竞争按规定
- 竞争措施论证案

考题直通

本知识点详解如下：

（1）官价优先再市场，市场价格需说明：采用的材料价格应是工程造价管理机构通过工程造价信息发布的材料价格，工程造价信息未发布材料单价的材料，其材料价格应通过市场调查确定并予以说明。

（2）三不竞争按规定：不可竞争的措施项目和规费、税金等费用的计算均属于强制性的条款，应按国家有关规定计算。

（3）竞争措施论证案：对于竞争性的措施费用的确定，招标人应首先编制常规的施工组织设计或施工方案，然后经科学论证确认后再合理确定措施项目费用。

经典真题

1. 关于最高投标限价的编制，下列说法正确的是（　　）。

A. 国有企业的建设工程招标可以不编制最高投标限价

B. 招标文件中可以不公开最高投标限价

C. 最高投标限价与标底的本质是相同的

D. 政府投资的建设工程招标时，应设最高投标限价

【答案】 D

【解析】 本题考核最高招标限价的相关规定。A选项，国有资金投资的建设项目应编制

最高招标限价；B 选项，最高招标限价应随同招标文件一并公布；C 选项，最高投标限价与标底有着本质区别，国有资金投资的建设项目，应当编制最高招标限价，而招标人可根据实际情况，自行确定是否编制标底；若编制标底，标底在开标前必须保密，而最高招标限价应随招标文件一并公布。

2. 编制最高投标限价、进行分部分项工程综合单价组价时，首先应确定的是（　　）。

A. 风险范围与幅度　　B. 工程造价信息确定的人工单价等

C. 定额项目名称及工程量　　D. 管理费率和利润率

【答案】 C

【解析】 本题考核最高投标限价中分部分项工程费的确定。具体步骤为：确定组价子项目名称并计算工程量、确定人材机单价、考虑风险费用及管理费利润确定定额项目合价、将清单项目所包含的若干子项目合价相加除以清单工程量得到综合单价。

3. 根据《建设工程工程量清单计价规范》规定，最高招标限价中综合单价中应考虑的风险因素包括（　　）。

A. 项目管理的复杂性　　B. 项目的技术难度

C. 人工单价的市场变化　　D. 材料价格的市场风险

E. 税金、规费的政策变化

【答案】 ABD

【解析】 本题考核风险的划分。确定综合单价时需考虑的风险因素是承包人承担的风险部分，特别注意应由招标人承担的风险不应考虑进综合单价。应考虑的风险因素：①技术难度较大和管理复杂的项目，可考虑一定的风险费用纳入到综合单价中；②工程设备、材料价格的市场风险，考虑一定率值的风险费用，纳入到综合单价中；③税金、规费等法律、法规、规章和政策变化风险和人工单价等风险费用，不应纳入综合单价。

4. 关于工程施工项目最高投标限价编制的注意事项，下列说法正确的有（　　）。

A. 未采用工程造价管理机关发布的工程造价信息时，应予以说明

B. 施工机械设备的选型应本着经济实用、平均有效的原则确定

C. 暂估价中的材料单价应通过市场调查确定

D. 不可竞争措施项目费应按国家有关规定计算

E. 竞争性措施项目费应依据经科学论证确认的施工组织设计或施工方案确定

【答案】 ADE

【解析】 本题考核编制最高投标限价应注意的问题。具体有以下五点：①材料价格应采用信息价，信息价缺价的可采用通过调查、分析确定的市场价，但应在招标文件中予以说明；②施工机械设备本着经济适用、先进高效的原则；③不可竞争费用属于强制性费用，按国家有关规定计算；④可竞争的措施项目费，应编制常规施工组织设计或施工方案，且应经科学论证确认。需要补充的是，材料暂估单价的确定遵循上述第①条。

第二节　投标报价的编制

一、框架体系

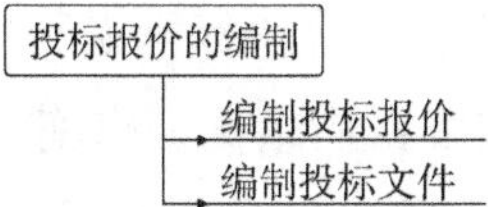

二、考点预测

1. 劳务询价的途径及优缺点对比。
2. 分包询价应注意的问题。
3. 复核工程量的目的及发现错漏项的处理。
4. 投标报价的编制原则及依据。
5. 确定综合单价时对项目特征不符及材料和工程设备暂估价的处理。
6. 建安工程费各费用要素风险界限的划分。
7. 确定综合单价的基本步骤。
8. 投标文件的递交、投标保证金、投标有效期相关规定。
9. 联合体投标相关规定。

三、考点详解

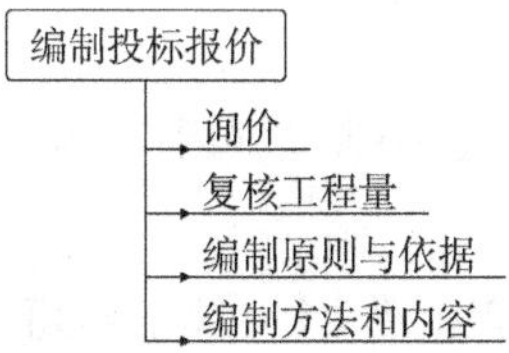

考点一、编制投标报价

（一）询价

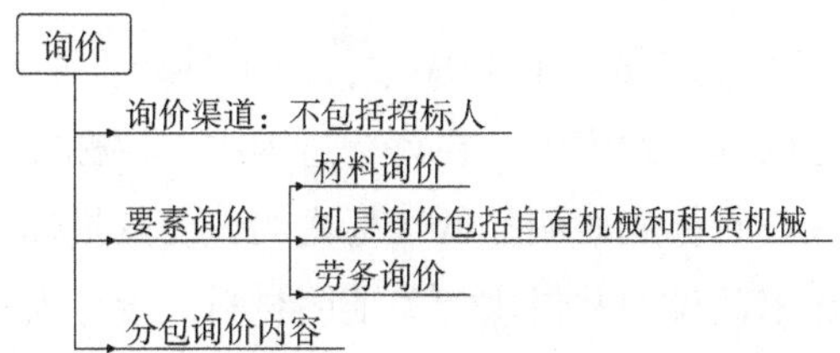

考题直通

本知识点内容历年真题考核频率不高，需要考生了解以下知识点：

（1）材料询价的内容。包括调查对比材料价格、供应数量、运输方式、保险和有效期、不同买卖条件下的支付方式等。

（2）劳务询价。主要有两种情况：一种是成建制的劳务公司，相当于劳务分包，一般费用较高，但素质较可靠，工效较高，承包商的管理工作较轻；另一种是劳务市场招募零散劳动力，这种方式虽然劳务价格低廉，但有时素质达不到要求或工效较低，且承包商的管理工作较繁重。

（3）分包人询价。应注意以下几点：分包标函是否完整；分包工程单价所包含的内容；分包人的工程质量、信誉及可信赖程度；质量保证措施；分包报价。

（二）复核工程量

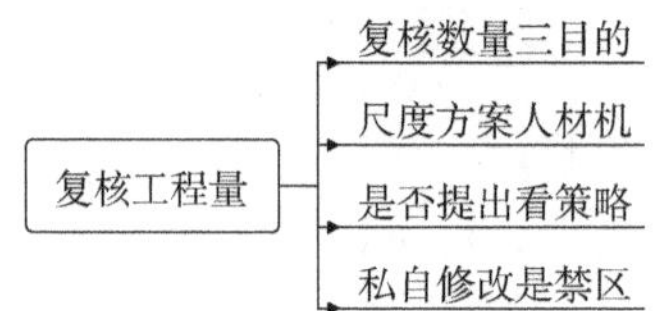

考题直通

本知识点为高频考点，投标人复核工程量时仅计算主要清单工程量，复核工程量清单，并不需要对所有清单项目进行复核，复核清单工程量的目的有：①根据复核的工程量清单准确程度决定报价尺度；②选择合适的施工方案；③安排劳动力、材料、施工机械进场计划。特别注意的是，复核过程中发现招标工程量清单的错误或遗漏是否向招标人提出取决于投标人的报价策略，但绝不允许投标人擅自修改工程量清单中的工程量。

（三）编制原则

考题直通

投标报价的编制原则为自主报价、不低于成本、风险分担、发挥自身优势和科学严谨的原则。需要注意的是：

（1）自主报价原则中仅限于可竞争费用，对于不可竞争的安全文明施工费、规费和税金应该按有关规定填报，不得自主报价；对于暂列金额、专业工程暂估价应按招标文件载明的价格计入投标报价，对于材料、设备暂估价应按招标文件给定的暂估单价计入相应的分部分项工程综合单价中。

（2）不低于成本原则指的是不低于自身成本，而不是社会平均成本。另外如果投标人投标报价过低，评标委员会的处理程序为：在评标过程中，评标委员会发现投标人的报价明显低于其他投标报价或者在设有标底时明显低于标底的，使其投标报价可能低于其个别成本的，应当要求该投标人做出书面说明并提供相关证明材料。投标人不能合理说明或者不能提供相关证明材料的，由评标委员会认定该投标人以低于成本报价竞标，应当否决该投标人的投标。

（四）编制方法和内容

考题直通

本知识点为高频考点，详见第二章第二节。需要注意的是：投标人的投标总价应当与组成工程量清单的分部分项工程费、措施项目费、其他项目费和规费、税金的合计金额相一致，即投标人在进行工程量清单招标的投标报价时，不能进行投标总价优惠（或降价、让利），投标人对投标报价的任何优惠（或降价、让利）均应反映在相应清单项目的综合单价中。

经典真题

1. 投标人在进行建设工程投标报价时，下列事项应重点关注的是（　　）。

A. 施工现场市政设施条件　　B. 商业经理的业务能力

C. 投标人的组织架构　　D. 暂列金额的准确性

【答案】A

【解析】本题考核投标报价编制前的准备工作。投标人编制投标报价前应调查施工现场，主要调查自然条件和施工条件，施工条件包括市政设施条件。

2. 相较于在劳务市场招募零散的劳动力，承包人选择成建制劳务公司法人劳务分包具有（　　）的特点。

A. 价格低，管理强度低　　B. 价格高，管理强度低

C. 价格低，管理强度高　　D. 价格高，管理强度高

【答案】B

【解析】本题考核劳务询价的途径及特点。劳务询价主要有劳务公司和市场零散劳动力。劳务公司一般费用较高、但素质较可靠、工效较高、承包商的管理工作较轻；零散劳动力价格低廉，但有时素质达不到要求或工效较低，且承包商的管理工作较繁重。

3. 投标报价的分包询价，投标人应注意的问题有（　　）。

A. 分包标函是否完整　　B. 分包单价所包含的内容

C. 分包人是否自专用施工机具　　D. 分包人可信赖程度

E. 分包人的质量保证措施

【答案】ABDE

【解析】本题考核分包询价的内容。应注意以下几点：分包标函是否完整，分包工程单价所包含的内容，分包人的工程质量、信誉及可信赖程度，质量保证措施，分包报价。

4. 投标人复核招标工程量清单时发现了遗漏，是否向招标人提出修改意见取决于（　　）。

A. 招标文件规定是否允许提出增补

B. 遗漏工程量的大小

C. 投标人的投标策略

D. 遗漏项目是否在工程量计算规范附录中有列项

【答案】C

【解析】本题考核投标人复核工程量的作用。投标人复核工程量时仅计算主要清单工程量，复核工程量清单，并不需要对所有清单项目进行复核，复核清单工程量的目的有三：一是根据复核的工程量清单准确程度决定报价尺度；二是选择合适的施工方案；三是安排劳动力、材料、施工机械进场计划。特别注意的是，复核过程中发现招标工程量清单的错误或遗漏是否向招标人提出取决于投标人的报价策略，但决不允许投标人擅自修改工程量清单中的工程量。

考点二、编制投标文件

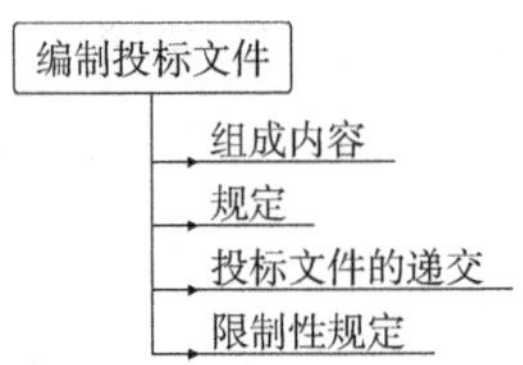

（一）投标文件的组成内容

考题直通

投标文件组成内容可以简记为：资身机构组清单，三选须知投标函，具体详述如下：

（1）资格审查资料。

（2）法定代表人身份证明或附有法定代表人身份证明的授权委托书。

（3）项目管理机构。

（4）施工组织设计。

（5）已标价工程量清单。

（6）三选：联合体协议书（如工程允许采用联合体投标）、投标保证金、拟分包项目情况表。

（7）招标文件要求提供的其他材料（即投标人须知前附表规定组成投标文件的其他材料）。

（8）投标函及投标函附录。

（二）投标文件编制时相关规定

规定
- 投标函附录在满足招标文件基础上可以提出更吸引招标人的承诺
- 投标文件应签章，涂改插字要盖章或授权人签字
- 正本副本分开包装，不一致时以正本为准
- 不得提交备选标（招标文件要求除外），要求提交备选标的，只有中标人的可以考虑

（三）投标文件的递交

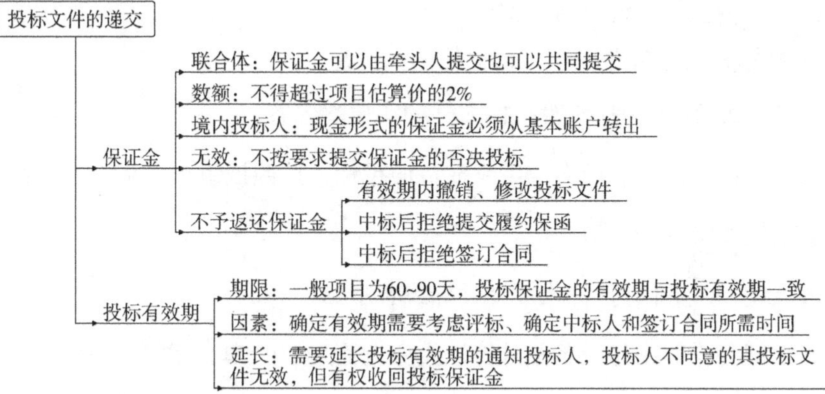

（四）投标行为限制性规定

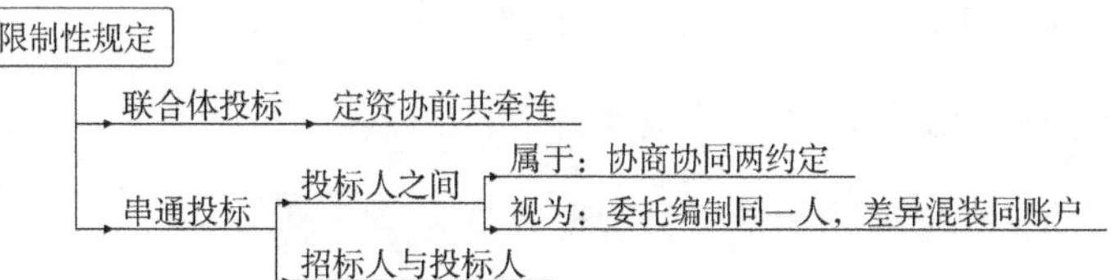

考题直通

本知识点为高频考点。

1. 联合体投标（定资协前共牵连）

（1）定义：两个以上法人或者其他组织可以组成一个联合体，以一个投标人的身份共同投标。

（2）资质：由同一专业的单位组成的联合体，按照资质等级较低的单位确定资质等级。

（3）联合体协议：联合体各方应按招标文件提供的格式签订联合体协议书，联合体各方应当指定牵头人，授权其代表所有联合体成员负责投标和合同实施阶段的主办、协调工作，并应当向招标人提交由所有联合体成员法定代表人签署的授权书。

（4）组成时间：招标人接受联合体投标并进行资格预审的，联合体应当在提交资格预审申请文件前组成。资格预审后联合体增减、更换成员的，其投标无效。

（5）共牵：联合体投标的，应当以联合体各方或者联合体中牵头人的名义提交投标保证金。以联合体中牵头人名义提交的投标保证金，对联合体各成员具有约束力。

（6）连带责任：联合体各方就中标项目向招标人承担连带责任。

另外注意：联合体各方签订共同投标协议后，不得再以自己名义单独投标，也不得组成新的联合体或参加其他联合体在同一项目中投标。联合体各方在同一招标项目中以自己名义单独投标或者参加其他联合体投标的，相关投标均无效。

2. 串通投标

串通投标分为投标人之间的串通投标和投标人与招标人之间的串通投标，投标人之间的串通投标又分为属于投标人之间的串通投标和视为投标人之间的串通投标，两者的区分原则为：属于投标之间的串通投标有具体的行为动作；而视为投标人之间的串通投标未发现具体串通行为，但分析投标文件可以得出结论。

（1）属于投标人相互串通投标（协商协同两约定）

①投标人之间协商投标报价等投标文件的实质性内容。

②属于同一集团、协会、商会等组织成员的投标人按照该组织要求协同投标。

③投标人之间约定中标人。

④投标人之间约定部分投标人放弃投标或者中标。

⑤投标人之间为谋取中标或者排斥特定投标人而采取的其他联合行动。

（2）视为投标人相互串通投标（委托编制同一人，差异混装同账户）

①不同投标人委托同一单位或者个人办理投标事宜。

②不同投标人的投标文件由同一单位或者个人编制。

③不同投标人的投标文件载明的项目管理成员为同一人。

④不同投标人的投标文件异常一致或者投标报价呈规律性差异。

⑤不同投标人的投标文件相互混装。

⑥不同投标人的投标保证金从同一单位或者个人的账户转出。

经典真题

1. 关于施工总承包建设工程投标文件的内容，下列说法正确的是（　　）。

A. 不包括施工组织设计

B. 应提供投标人的法定代表人身份证明或附有法定代表人身份证明的授权委托书

C. 应包括深化设计图纸

D. 不包括拟分包项目情况表

【答案】 B

【解析】 本题考核投标文件的组成。简记为资身机构组清单，三选须知投标函。三选为投标保证金、拟分包项目情况表、联合体投标协议书。详见本节联合体投标相关知识点。

2. 关于投标保证金，下列说法中正确的是（　　）。

A. 投标保证金的数额不得少于投标总价的 2%

B. 招标人应当在签订合同后的 30 日内退还未中标人的投标保证金

C. 投标人拒绝延长投标有效期的，投标人无权收回其投标保证金

D. 投标保证金的有效期应与投标有效期相同

【答案】 D

【解析】 本题考核投标保证金相关知识。投标保证金数额不得超过项目估算价的 2%；

投标保证金的有效期应当与投标有效期一致；投标人撤销投标文件、发出中标通知书后拒绝签订合同或拒绝提交履约保函的，招标人可以不退还投标保证金；遇到特殊情况招标人通知延长投标有效期而投标人拒绝的，该投标人的投标文件失效，但有权收回投标保证金；招标人应在签订合同 5 日内退还中标人和所有未中标的投标人的投标保证金及同期银行存款利息。

3. 投标人在递交投标文件后，其投标保证金按规定不予退还的情形有（　　）。

A. 投标人在投标有效期内撤销投标文件的

B. 投标人拒绝延长投标有效期的

C. 投标人在投标截止日前修改投标文件的

D. 中标后无故拒签合同协议书的

E. 中标后未按招标文件规定提交履约担保的

【答案】 ADE

【解析】 本题考核投标保证金不予退还情形。投标人撤销投标文件、发出中标通知书后拒绝签订合同或拒绝提交履约保函的，招标人可以不退还投标保证金。

4. 根据我国现行施工招标投标管理规定，投标有效期的确定一般应考虑的因素有（　　）。

A. 投标报价需要的时间　　B. 组织评标需要的时间

C. 确定中标人需要的时间　　D. 签订合同需要的时间

E. 提交履约保证金需要的时间

【答案】 BCD

【解析】 本题考核投标有效期相关知识。投标有效期从投标截止时间开始计算，一般考虑的因素有组织评标委员会完成评标需要的时间、确定中标人需要的时间、签订合同需要的时间。

5. 关于联合体投标需遵循的规定，下列说法中正确的是（　　）。

A. 联合体各方签订共同投标协议后，可再以自己名义单独投标

B. 资格预审后联合体增减、更换成员的，其投标有效性待定

C. 由同一专业的单位组成的联合体，按其中较高资质确定联合体资质等级

D. 联合体投标的，可以联合体牵头人的名义提交投标保证金

【答案】 D

【解析】 本题考核联合体投标相关知识。联合体投标需要注意以下几点：①定义：两个及以上法人或者其他组织可以组成一个联合体，以一个投标人的身份共同投标；②资质：由同一专业的单位组成的联合体，按照等级较低的单位确定资质等级；③共同投标协议：联合体各方应当签订共同投标协议，明确约定各方拟承担的工作和责任，并将共同投标协议连同投标文件一并提交招标人；④组成时间：招标人接受联合体投标并进行资格预审的，联合体应当在提交资格预审申请文件前组成；资格预审后联合体增减、更换成员的，其投标无效；⑤签订合同及责任分担：联合体中标的，联合体各方应当共同与招标人签订合同，就中标项目向招标人承担连带责任；⑥牵头人：联合体各方应当指定牵头人，授权其代表所有联合体

成员负责投标和合同实施阶段的主办、协调工作，并应当向招标人提交由所有联合体成员法定代表人签署的授权书；联合体投标的，应当以联合体各方或者联合体中牵头人的名义提交投标保证金；以联合体牵头人名义提交的投标保证金，对联合体各成员具有约束力；⑦公布：招标人应当在资格预审公告、招标公告或者投标邀请书中载明是否接受联合体投标；⑧禁止规定：联合体各方在同一招标项目中以自己名义单独投标或者参加其他联合体投标的，相关投标均无效。

6. 下列情形中，不视为投标人串通投标的是（　　）。

A. 投标人 A 与 B 的项目经理为同一人

B. 投标人 C 与 D 的投标文件相互错装

C. 投标人 E 和 F 在同一时刻提前递交投标文件

D. 投标人 G 与 H 作为暗标的技术标由同一人编制

【答案】 C

【解析】 本题考核投标人之间串标的情形。投标人之间串通投标分为属于投标人之间串通投标和视为投标人之间串通投标。属于投标人串通投标的特点是有明显证据证明投标人之间私下串标，有具体的行为；而视为投标人之间串标的特点是没有直接证据表明，但是通过分析投标文件可以得出结论。A、B、D 选项均视为投标人之间串通投标。

第三节　中标价及合同价款的约定

一、框架体系

中标价及合同价款约定
- 评标程序及评审标准
- 中标人的确定
- 合同价款约定

二、考点预测

1. 清标的时间及主要工作内容。
2. 区分初步评审工作的划分及各阶段详细工作内容。
3. 评标阶段关于要求投标人澄清说明的相关规定。
4. 投标报价算术错误的修正原则。
5. 未实质性响应的具体情形。
6. 详细评审的方法分类及适用情形、评标修正的计算。
7. 公示中标候选人的公示范围、媒介、时间、内容及异议处理。
8. 确定中标人的条件及相关规定。
9. 履约担保的作用、形式、拒绝及返还。

10. 合同的类型选择、签订时间、依据及投标保证金的返还。

三、考点详解

考点一、评标程序及评审标准

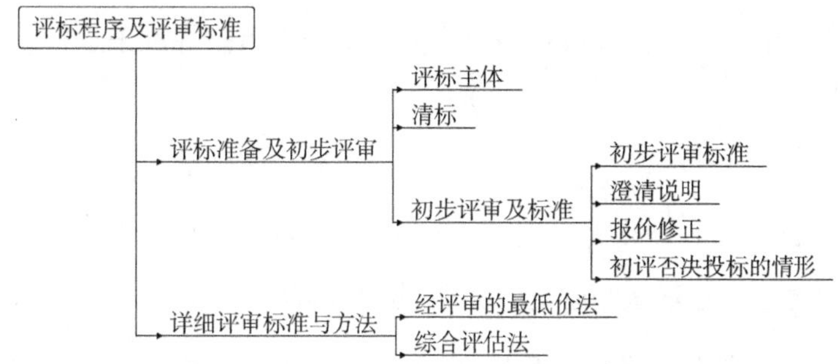

（一）评标准备及初步评审

1. 评标主体

评标委员会成员名单一般应于开标前确定，而且该名单在中标结果确定前应当保密。

2. 清标

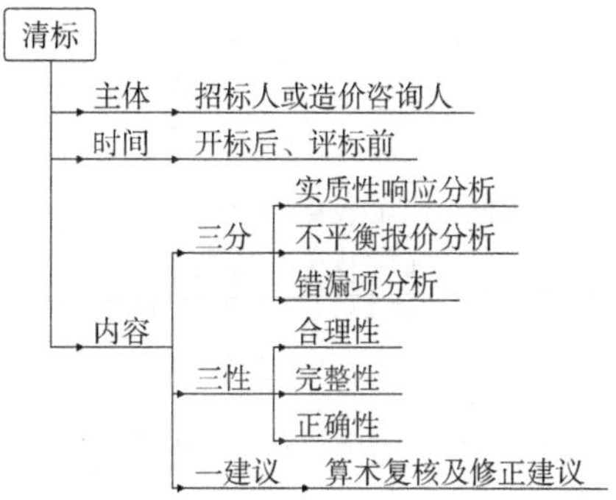

考题直通

本知识点的难点在于合理性、完整性和正确性的分析。合理性分析指的是可竞争费用报价的分析，如分部分项工程报价、可竞争措施项目报价、总承包服务费和计日工的报价；完整性分析指项目填报是否完整，如措施项目的完整性、其他项目的完整性；正确性分析指必须按相关规定报价的项目计算是否正确，如不可竞争费用（安全文明施工费、规费、税金）、暂列金额及暂估价的填报。

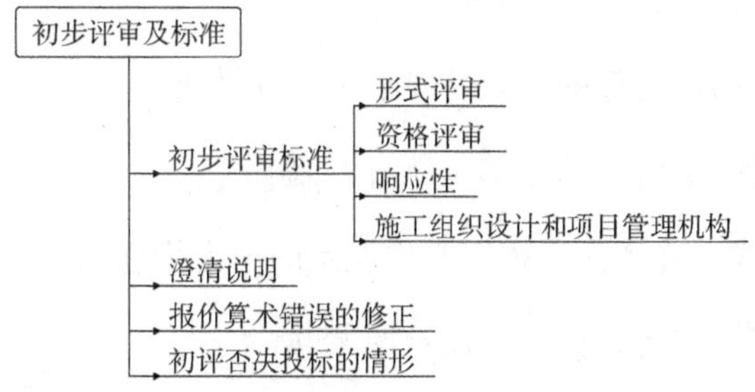

3. 初步评审标准

（1）初步评审标准要区分形式评审和资格评审的内容。形式评审主要从"有无""格式"和"名称一致"三个方面来评审。"有无"指有没有签字盖章、联合体投标有没有共同投标协议；"格式"指投标文件格式是否符合要求、报价是否唯一；"名称一致"指投标人名称与营业执照、资质证书、安全生产许可证是否一致。资格评审指对投标人的资格进行评审，如果已进行资格预审的，仍应按资格审查办法中详细审查标准来进行。

（2）澄清说明。

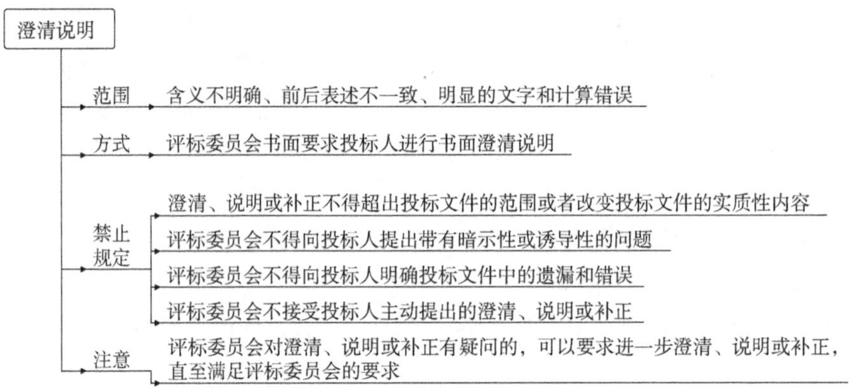

（3）报价算术性修正。

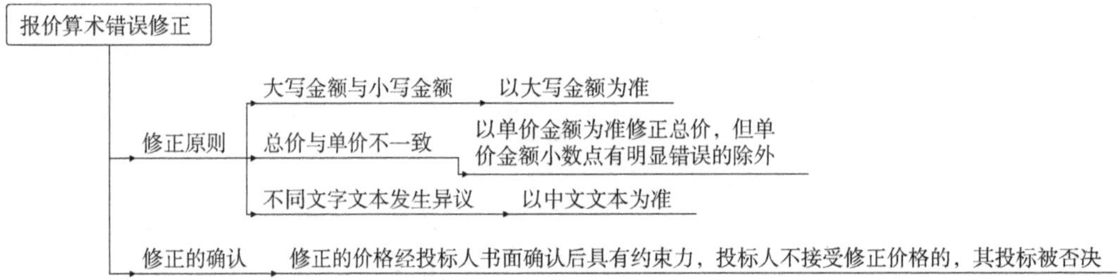

（4）初评否决投标的情形。经初步评审后否决投标的具体情形包括（两违联响签低资）：

1）同一投标人提交两个以上不同的投标文件或者投标报价，但招标文件允许提交备选投标的除外。

2）投标人有串通投标、弄虚作假、行贿等违法行为。

3）联合体投标没有提交共同投标协议。

4）投标文件没有对招标文件的实质性要求和条件做出响应。

5）投标文件未经投标单位盖章和单位负责人签字。

6）投标报价低于成本或者高于招标文件设定的最高投标限价。

7）投标人不符合国家或者招标文件规定的资格条件。

（二）详细评审标准与方法

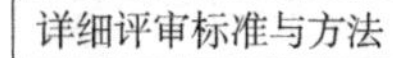

考题直通

本考点还应掌握考虑评标修正率后的评审价的计算，即投标报价×（1－评标修正率）。

经典真题

1. 根据《建设工程造价咨询规范》，下列投标文件的评审内容，属于清标工作的是（　　）。

A. 营业执照的有效性

B. 营业执照、资质证安全生产许可证的一致性

C. 投标函上签字盖章的合法性

D. 投标文件是否实质性响应招标文件

【答案】 D

【解析】 本题考核清标和初步评审的内容。清标的主要工作是判定招标文件的实质性响应、错漏项分析、不平衡报价分析、算术修正及各个清单的完整性、合理性和正确性分析。其中注意区分完整性、合理性、正确性：综合单价是投标人自主报价，只做合理性分析，措施项目要分析是否完整，涉及自主报价的要分析合理性，不可竞争费用是按规定计算，所以要分析正确性，其他项目清单首先要分析完整性，对自主报价部分分析合理性，暂列金额及暂估价要分析正确性。A、B、C 选项均属于初步评审工作内容。

2. 关于建设工程施工评标，下列说法中正确的是（　　）。

A. 评标委员会按照公平、公正、公开的原则评标

B. 评标委员会可以接受投标人主动提出的澄清

C. 评标委员会可以要求投标人澄清投标文件疑问直至满足评标委员会的要求

D. 评标委员会有权直接确定中标人

【答案】 C

【解析】 本题考核评标及确定中标人相关知识。A 选项，评标活动应遵循公平、公正、科学择优的原则评标，并没有公开原则，如评标委员会成员名单在中标结果确定前应保密；B 选项，评标委员会可以要求投标人对投标文件含义不清、描述不一致、计算错误的内容进行澄清说明，但是不得接受投标人主动提交的澄清说明，也不得提出暗示、诱导性问题；C 选项正确；D 选项，招标人应当自主确定中标人，也可以授权评标委员会确定，但是评标委员会只有在得到授权的情况下才能确定中标人。

3. 建设工程评标过程中遇下列情形，评标委员会可直接否决投标文件的是（　　）。

A. 投标文件中的大、小写金额不一致　B. 未按施工组织设计方案进行报价

C. 投标联合体没有提交共同投标协议　D. 投标报价中采用了不平衡报价

【答案】C

【解析】本题考核评标委员会算术错误修正原则及否决投标情形。否决投标简记为“两违联响签低资”。

4. 对于综合评估法中的评标基准价的确定，下列说法正确的是（　　）。

A. 按所有有效投标人中的最低投标价确定

B. 按所有有效投标人的平均投标价确定

C. 按所有有效投标人的平均投标价乘以事先约定的浮动系数确定

D. 按项目特点、行业管理规定自行确定

【答案】D

【解析】本题考核评标基准价的确定。评标基准价的计算方法应在投标人须知前附表中予以明确。招标人可依据招标项目的特点、行业管理规定给出评标基准价的计算方法，确定时也可适当考虑投标人的投标报价。

5. 某招标项目采用经评审的最低投标价法评标，招标文件规定对同时投多个标段的评标修正率为5%。投标人甲同时投1号、2号标段，报价分别为5000万元、4000万元。若甲在1号标段中标，则其在2号标段的评标价为（　　）万元。

A. 3750　B. 3800　C. 4200　D. 4250

【答案】B

【解析】本题考核评标价的修正。计算过程：4000×（1－5%）＝3800（万元）。

6. 某招标工程采用综合评估法评标，报价越低的报价得分越高，评分因素、权重比例、各投标人得分情况见下表。则推荐的第一中标候选人应为（　　）。

评分因素	权重（%）	投标人得分		
		甲	乙	丙
施工组织设计	30	90	100	80
项目管理机构	20	80	90	100
投标报价	50	100	90	80

A. 甲　B. 乙　C. 丙　D. 甲或乙

【答案】A

【解析】本题考核综合评估法得分的计算。甲：90×30%＋80×20%＋100×50%＝93；乙：100×30%＋90×20%＋90×50%＝93；丙：80×30%＋100×20%＋80×50%＝84。甲、乙较高且相等，应遵循的规定为“综合评分相等时，以投标报价低的优先；投标报价也相等的，优先条件由招标人事先在招标文件中确定”。甲、乙综合得分相等，但甲的报价更低，故应选择甲投标人为第一中标候选人。

考点二、中标人的确定

- 中标人的确定
  - 评标报告的提交
    - 评标委员会全体成员签字
    - 对评标结果有不同意见的应注明
    - 既不签字也不注明其不同意见的视为同意评标结果
  - 公示中标候选人
    - 范围：依法必须招标的项目，其他项目是否公示由招标人自主确定
    - 媒介：交易场所和指定媒体
    - 时间：收到评标报告之日起3日内，公示期不得少于3日
    - 公示内容
      - 全部中标候选人名单及排名
      - 资格条件及业绩信誉情况
      - 不必公示各评分要素的得分情况
    - 异议
      - 提出：公示期间
      - 处理
        - 招标人应在收到异议之日起3日内回复
        - 做出答复前，应当暂停招标投标活动
  - 确定中标人
    - 中标条件
      - 最大限度满足招标文件中规定的各项综合评价标准
      - 能够满足招标文件的实质性要求，且经评审的投标价格最低；但低于成本的除外
    - 确定原则：确定排名第一的中标候选人为中标人
  - 中标通知及签约准备
    - 中标通知
      - 向中标人发出中标通知书
      - 将中标结果发送给所有未中标的投标人
    - 履约担保
      - 招标文件要求中标人提交履约担保的，中标人应当提交
      - 时间：中标后，签订合同前
      - 形式：招标文件规定的形式，如现金、支票、汇票、履约担保书和银行保函等
      - 数额：最高不得超过中标合同金额的10%
      - 有效期：合同生效日至主要义务履行完毕（颁发工程接收证书）
      - 退还：工程接收证书颁发后28天内

考题直通

本考点还需要注意以下两点：

（1）排名第一的中标候选人放弃中标，因不可抗力提出不能履行合同，或者招标文件规定应当提交履约担保而在规定的期限内未能提交，或者被查实存在影响中标结果的违法行为等情形，不符合中标条件的，招标人可以按照评标委员会提出的中标候选人名单排序依次确定其他中标候选人为中标人。依次确定其他中标候选人与招标人预期差距较大，或者对招标人明显不利的，招标人可以重新招标。

（2）招标人不得向中标人提出压低报价、增加工作量、缩短工期或其他违背中标人意愿的要求，即不得以此作为发出中标通知书和签订合同的条件。

经典真题

1. 根据《招标投标法实施条例》，关于依法必须招标项目中标候选人的公示，下列说法中正确的有（　　）。

A. 应公示中标候选人

B. 公示对象是全部投标人

C. 公示期不得少于 3 日

D. 不需要公示各评分要素得分情况

E. 对有业绩信誉条件的项目，其业绩信誉情况应一并进行公示

【答案】 ACDE

【解析】 本题考核公示的相关内容。公示范围是依法必须招标的项目，非依法必须的项目是否公示由招标人自主决定；时间是在收到评标报告之日起 3 日内进行公示，公示期不得少于 3 日；公示媒介是交易场所和指定媒体；公示人员是全部中标候选人名单及排名，而非排名第一的中标候选人，也非全部投标人；公示内容含资格条件和业绩信誉（不含各评分要素得分情况），中标候选人名称、排序、工期、质量及评标情况，项目负责人身份证号及证书编号，提出异议的渠道及方式等。

2. 关于施工招标工程的履约担保，下列说法中正确的是（　　）。

A. 中标人应在签订合同后向招标人提交履约担保

B. 履约保证金不得超过中标合同金额的 5%

C. 招标人仅对现金形式的履约担保，向中标人提供工程款支付担保

D. 发包人应在工程接受证书颁发后 28 天内将履约保证金退还给承包人

【答案】 D

【解析】 本题考核履约担保相关知识。中标人应当在签订合同前按招标文件规定的形式、金额向招标人提供履约担保；履约担保的形式有现金、支票、汇票、履约担保书和银行保函；金额不得超过中标合同金额的 10%；有效期为合同生效之日起到合同约定的主要义务履行完毕（颁发工程接收证书）时止；退还履约担保时间为颁发工程接收证书 28 天内；承包人向发包人提供履约担保的，发包人应同时向承包人提供工程款支付担保。

考点三、合同价款的约定

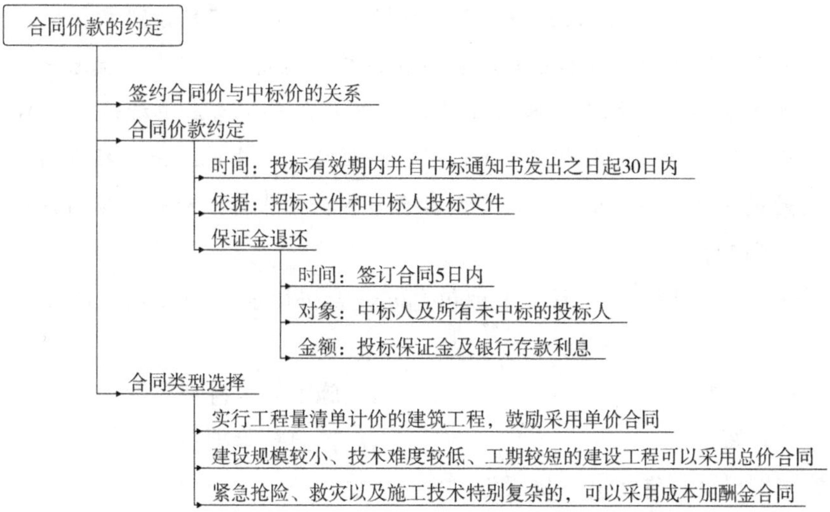

- 合同价款的约定
  - 签约合同价与中标价的关系
  - 合同价款约定
    - 时间：投标有效期内并自中标通知书发出之日起30日内
    - 依据：招标文件和中标人投标文件
    - 保证金退还
      - 时间：签订合同5日内
      - 对象：中标人及所有未中标的投标人
      - 金额：投标保证金及银行存款利息
  - 合同类型选择
    - 实行工程量清单计价的建筑工程，鼓励采用单价合同
    - 建设规模较小、技术难度较低、工期较短的建设工程可以采用总价合同
    - 紧急抢险、救灾以及施工技术特别复杂的，可以采用成本加酬金合同

考题直通

本考点还需注意签约合同价及中标价的关系，中标价就是签约合同价，也是经评标委员会进行算术错误修正、投标人书面确认后的投标报价。

经典真题

1. 关于依法必须招标工程合同签订和合同价款的约定，下列说法中正确的是（　　）。

A. 招标人和中标人应在投标有效期内并在中标通知发出28天内订立书面合同

B. 发承包双方应根据中标通知书确定的价格签订合同

C. 签约合同价为工程量清单中各种价格的总和扣减暂列金额

D. 招标人应当在中标通知书发出后，合同签订前向未中标人退还投标保证金

【答案】 B

【解析】 本题考核合同价款签订的相关规定。招标人与中标人签订合同时间为中标通知书发出30日内；依据为招标文件和中标人的投标文件；退还投标保证金的时间为签订合同5日内；退还对象为中标人和所有未中标的投标人；退还金额包含保证金本金及银行同期存款利息。另外需要注意，签约合同价就是中标价（中标通知书载明的价格），也是经评标委员会进行算术修正后的投标报价，应当包含暂列金额。

2. 关于招标人与中标人合同的签订，下列说法正确的有（　　）。

A. 双方按照招标文件和投标文件订立书面合同

B. 双方在投标有效期内并在自中标通知书发出之日起30日内签订施工合同

C. 招标人要求中标人按中标价下浮3%后签订施工合同

D. 中标人无正当理由拒绝签订合同的，招标人可不退还其投标保证金

E. 招标人在中标人签订合同后 5 日内，向所有投标人退还投标保证金

【答案】BD

【解析】本题考核签订合同相关知识点。招标人和中标人应当按照招标文件和中标人的投标文件订立书面合同；招标人和中标人应当在投标有效期内并在自中标通知书发出之日起 30 日内，按照招标文件和中标人的投标文件订立书面合同。发出中标通知书后，招标人无正当理由拒签合同的，招标人向中标人退还投标保证金。给中标人造成损失的，还应当赔偿损失。招标人最迟应当在与中标人签订合同后 5 日内，向中标人和未中标的投标人退还投标保证金及银行同期存款利息。

3. 下列条件下的建设工程，其施工承包合同适合采用成本加酬金方式确定合同价的有（　　）。

A. 工程建设规模小　　B. 施工技术特别复杂

C. 工期较短　　D. 紧急抢险项目

E. 施工图设计还有待进一步深化

【答案】BD

【解析】本题考核合同类型的选择及签订。实行工程量清单计价的建筑工程，鼓励发承包双方采用单价方式确定合同价款；建设规模较小、技术难度较低、工期较短的建设工程，可以采用总价合同；紧急抢险、救灾以及施工技术特别复杂的建设工程，可以采用成本加酬金合同。

第四节　工程总承包及国际工程合同价款的约定

一、框架体系

工程总承包及国际工程合同价款的约定
- 工程总承包合同价款的约定
- 国际工程合同价款的约定

二、考点预测

1. 工程总承包的分类和各类承包方式负责的内容。
2. 工程总承包及交钥匙总承包的特点。
3. 国际工程成本费用的分类。
4. 工程总承包标高金的组成及各组成部分的确定方法。
5. 国际工程两个信封制度的开启方式。
6. 国际工程评标步骤及合同谈判的内容。

三、考点详解

考点一、工程总承包合同价款的约定

（一）工程总承包的分类及特点

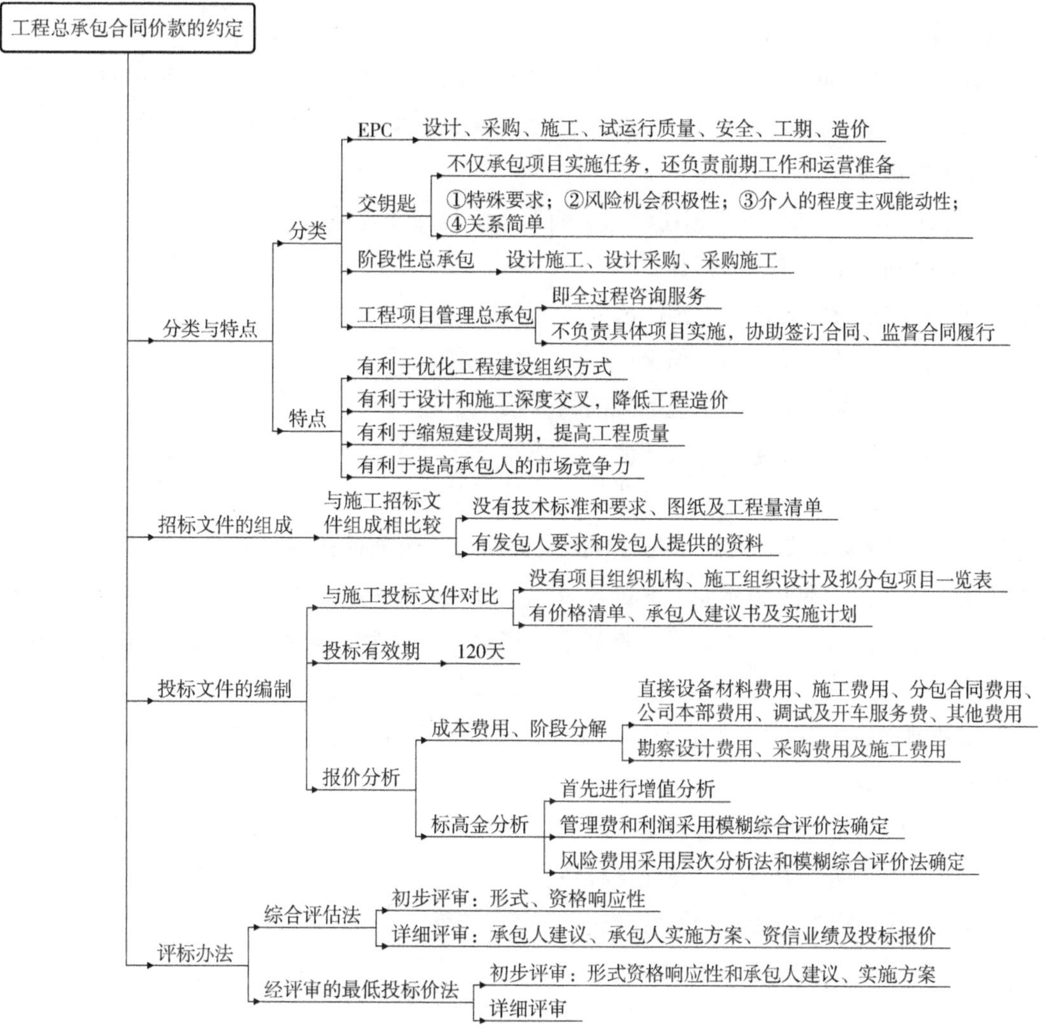

（二）招标、投标、评标、签合同

考题直通

本知识点需要注意区分“签约合同价”与“合同价格”的区别，签约合同价指中标通知书载明的包含暂列金额和暂估价的价格，而合同价格是指承包人完成全部工作（包括缺陷责任期）后发包人应支付给承包人的总价款。另外，除另有规定外，投标有效期一般为120天。

经典真题

1. EPC 总承包模式中承包人应承担的工作（　　）。

A. 设计、采购、施工和试运行　　B. 项目决策、设计和施工

C. 项目决策、采购和施工　　D. 可行性研究、采购和施工

【答案】A

【解析】本题考核工程总承包的类型及特点。EPC 总承包即工程总承包人按照合同约定，承担工程项目的设计、采购、施工、试运行服务等工作，并对承包工程的质量、安全、工期、造价全面负责。

2. 与其他工程总承包方式相比较，交钥匙总承包的优越性有（　　）。

A. 有利于满足业主的特殊要求

B. 有利于降低总包商承担的风险

C. 有利于调动总包商的积极性

D. 有利于简化业主与承包商之间的关系

E. 有利于加大业主的介入程度

【答案】ACD

【解析】本题考核交钥匙总承包的特点。交钥匙总承包的优越性体现在：①能满足某些业主的特殊要求；②承包商承担的风险比较大，但获利的机会比较多，有利于调动总承包的积极性；③业主介入的程度比较浅，有利于发挥承包商的主观能动性；④业主与承包商之间的关系简单。

3. 根据现行《标准设计施工总承包招标文件》，关于“合同价格”和“签约合同价”下列说法正确的是（　　）。

A. 合同价格是指签约合同价

B. 签约合同价中包括了专业工程暂估价

C. 合同价格不包括按合同约定进行的变更价款

D. 签约合同价一般高于中标价

【答案】B

【解析】本题考核签约合同价及合同价格的区别。“签约合同价”，即指中标通知书明确的并在签订合同时于合同协议书中写明的，包括了暂列金额、暂估价的合同总金额。而“合同价格”是指承包人按合同约定完成了包括缺陷责任期内的全部承包工作后，发包人应付给承包人的金额，包括在履行合同过程中按合同约定进行的变更和调整。

4. 工程总承包投标人进行标高金报价决策时，首先要进行的工作是（　　）。

A. 对风险进行评估　　B. 价值增值分析

C. 选择合理的风险费率　　D. 进行成本分析

【答案】B

【解析】本题考核工程总承包报价决策。工程总承包商投标报价决策的第一步应准确估计成本，即成本分析和费率分析；第二步是“标高金”的决策，由于“标高金”是带给总承包商的价值增值部分，因此首先要进行价值增值分析，然后对风险进行评估，选择合适的风险费率，最后用特定的方法如报价的博弈模型等对不同的报价方案进行决策，选择最适合的报价方案。

5. 关于工程总承包投标报价中的标高金，下列说法中正确的是（　　）。

A. 标高金分析首先应对风险进行评估

B. 标高金分析应进行价值增值分析

C. 标高金中不包括利润和风险费

D. 标高金中的管理费主要指公司本部费用

【答案】B

【解析】本题考核标高金相关知识点。“标高金”由管理费、利润和风险费组成。此处管理费指总部日常开支，注意与公司本部费用区别，公司本部费用指与项目直接相关的管理费和勘察设计费，属于成本费用范畴。确定管理费率和利润率最简单的也是最客观的方式是模糊综合评价法；确定风险费率可以运用模糊综合评价法和层次分析法等方法进行计算。

考点二、国际工程招标投标及合同价款的约定

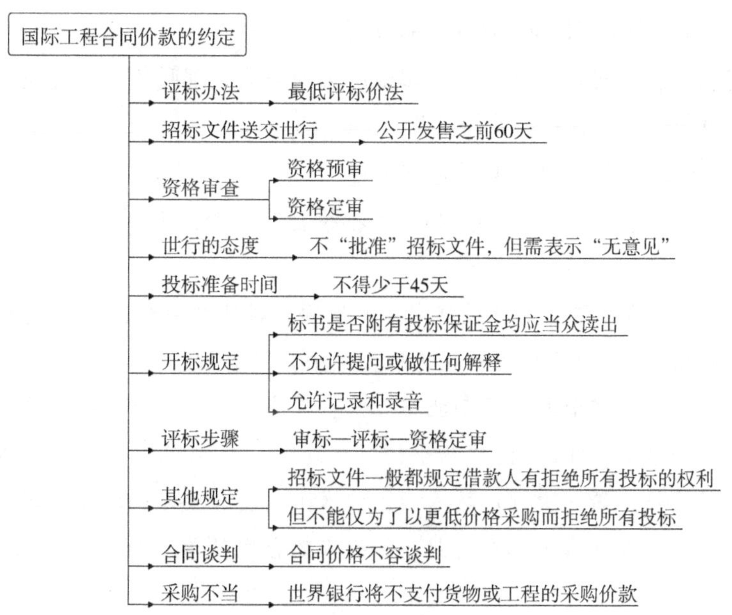

考题直通

本考点还需要注意以下两点：

（1）资格审查：一个项目的具体采购合同是否要进行资格预审，应由借款人和世界银行充分协商后，在贷款协定中明确规定。资格定审的标准应在招标文件中明确规定，其内容

与资格预审的标准相同。

（2）分包费的处理：对分包费的处理有两种方法：一种方法是将分包费列入直接费中，即考虑间接费时包含了对分包的管理费；另一种方法是将分包费与直接费、间接费平行并列，在估算分包费时适当加入对分包商的管理费即可。

经典真题

1. 关于世界银行贷款项目采用国际竞争性招标，下列说法中正确的是（　　）。

A. 借款人向世界银行送交总采购通知的时间，最晚不应迟于公开发售招标文件前90天

B. 一个项目的具体采购合同是否需要资格预审，由借款人自主决定

C. 未进行资格预审的，评标后应对标价最低并拟授予合同的投标人进行资格定审

D. 招标文件公开发售前，无须得到世界银行的意见

【答案】 C

【解析】 本题考核国际招标的相关规定。A 选项，借款人向世界银行送交总采购通知的时间，最晚不应迟于公开发售招标文件前 60 天；B 选项，项目的具体采购合同是否要进行资格预审，应由借款人和世界银行充分协商后，在贷款协定中明确规定；C 选项正确；D 选项，世界银行虽然并不批准招标文件，但需其表示无意见后招标文件才可公开发售。

2. 关于国际工程招标，下列说法中正确的是（　　）。

A. 投交标书的方式须加以限制，如规定必须寄交某邮政信箱以免延误

B. 开标时若标书未附投标保证金则拒绝开启

C. 开标时允许投标人提问但不允许录音

D. 采用“两个信封制度”的，技术上不符合要求的标书则第二个信封不再开启

【答案】 D

【解析】 本题考核国际招标的相关规定。A 选项，投交标书的方式不得加以限制（如规定必须寄交某邮政信箱），以免延误；B 选项，标书未附有投标保证金或保函也应当众读出，不能因为标书未附投标保证金或保函而拒绝开启；C 选项，开标时一般不允许提问或做任何解释，但允许记录和录音；D 选项，“两个信封制度”即技术性部分密封装入一个信封，报价装入另一个密封信封。第一次评比技术性，技术上不符合要求的标书，其第二个信封不再开启，如通过则第二次再开启第二个信封。如果采购合同简单，两个信封也可在一次会议上先后开启。

3. 国际竞争性招标投标过程中只对标书的报价和其他因素进行评比，不对投标人资格进行评审的工作是（　　）。

A. 清标　　B. 审标　　C. 评标　　D. 定标

【答案】 C

【解析】 国际工程评标主要有审标、评标、资格定审三个阶段。审标是对投标文件一些

技术性、程序性问题加以澄清并初步筛选；评标只是对标书的报价和其他因素，以及标书是否符合招标程序要求和技术要求进行评比，而不是对经验、财务能力和技术能力的资格进行评审。对投标人的资格审查应在资格预审或定审中进行。评标考虑的因素中，不应把属于资格审查的内容包括进去；如果未经资格预审，则应对评标报价最低的投标人进行资格定审。

4. 国际工程分包费与直接费、间接费平行并列时，总包商对分包商的管理费应列入(　　)。

A. 间接费　　B. 分包费

C. 盈余　　D. 上级单位管理费

【答案】 B

【解析】 本题考核国际工程对分包费的处理方法。对分包费的处理有两种方法：一种方法是将分包费列入直接费中，即考虑间接费时包含了对分包的管理费；另一种方法是将分包费与直接费、间接费平行并列，在估算分包费时适当加入对分包商的管理费即可。

第五章 建设项目施工阶段合同价款的调整和结算

第一节　合同价款调整

一、框架体系

合同价款的调整

- 法规变化类
- 工程变更类
- 物价变化类
- 工程索赔类
- 其他类

二、考点预测

1. 法规变化调整合同价款基准日的确定及工期延误的处理。
2. 工程变更的范围及分部分项工程、措施项目价款调整方法。
3. 工程量清单缺项分部分项工程费及措施项目费的调整。
4. 工程量偏差综合单价及总价措施项目费的调整。
5. 物价波动采用价格指数和造价信息调整合同价款的计算。
6. 合同实施过程中暂估价的调整方法。
7. 不可抗力造成的损失责任承担主体。
8. 《标准施工招标文件》中承包人的索赔事件及可补偿内容。
9. 索赔的前提条件及各类费用的计算方法。
10. 共同延误的处理。

三、考点详解

考点一、法规变化类合同价款调整事项

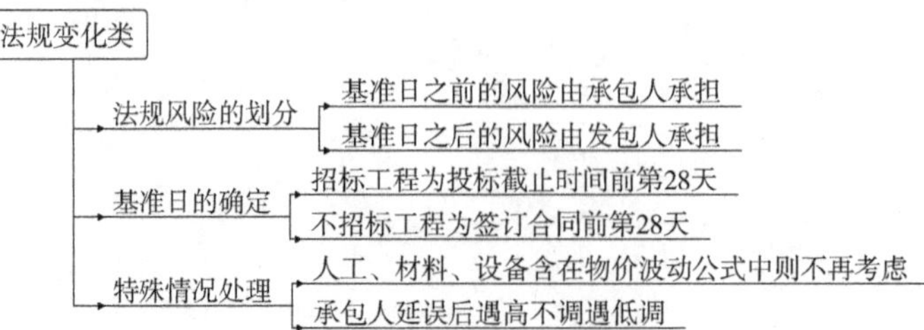

经典真题

1. 根据现行《建设工程工程量清单计价规范》，对于不实行招标的建设工程，建设工程施工合同签订前的第（　　）天作为基准日。

A. 28　　B. 30　　C. 35　　D. 42

【答案】A

【解析】本题考核法律法规变化导致合同价款调整相关知识点。对于实行招标的建设工程，一般以施工招标文件中规定的提交投标文件截止时间前的第 28 天作为基准日；对于不实行招标的建设工程，一般以建设工程施工合同签订前的第 28 天作为基准日。

2. 关于法规变化类合同价款的调整，下列说法正确的是（　　）。

A. 不实行招标的工程，一般以施工合同签订前的第 42 天为基准日

B. 基准日之前国家颁布的法规对合同价款有影响的，应予调整

C. 基准日之后国家政策对材料价格的影响，如已包含在物价波动调价公式中，不再予以考虑

D. 承包人原因导致的工期延误期间，国家政策变化引起工程造价变化的，合同价款不予调整

【答案】C

【解析】本题考核法规变化合同价款调整的相关知识。本着合理划分发承包双方风险的原则，双方应约定基准日，基准日之前的法律法规变化导致合同价款变化的，由承包人承担；基准日之后由发包人承担；实行招标投标的项目，以投标截止日前第 28 天为基准日，不实行招投标的，以施工合同签订前第 28 天为基准日；另外注意，有关价格变化如果已经含在物价波动的调价公式中，则不再予以考虑；如果承包方造成工期延误，则按照不利于责任方的原则调整，即导致合同价款增加的不予调整，导致合同价款减少的予以调整。

考点二、工程变更类合同价款调整事项

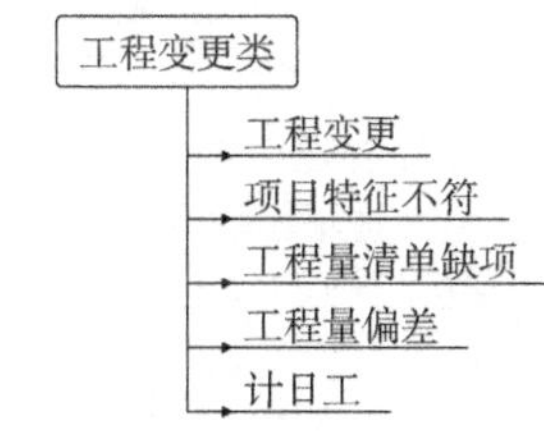

（一）工程变更

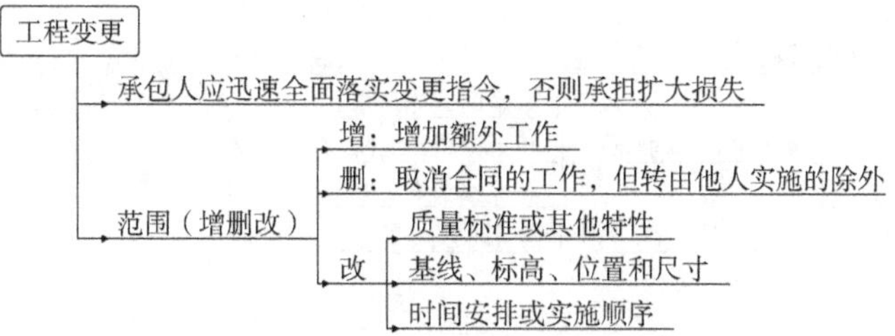

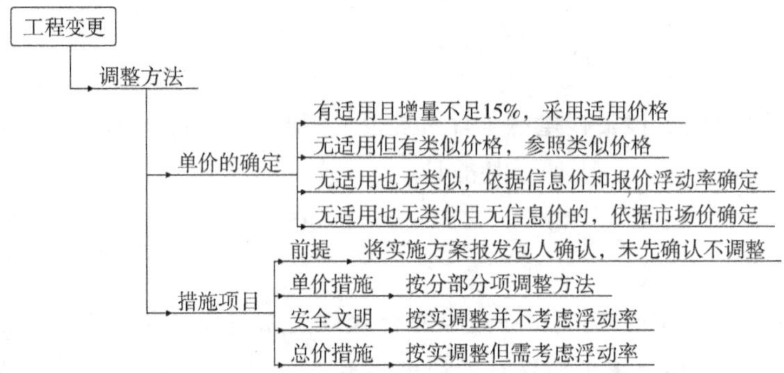

考题直通

本知识点中依据信息价确定综合单价及除安全文明施工费外的总价措施项目费的调整需要考虑报价浮动率，报价浮动率的计算公式为：

①实行招标的工程：承包人报价浮动率 $L=(1-\text{中标价}/\text{最高投标限价})\times100\%$；

②不实行招标的工程：承包人报价浮动率 $L=(1-\text{报价值}/\text{施工图预算})\times100\%$。

工程变更确定分部分项工程综合单价时，既没有适用价格也没有类似价格时，无论是依据信息价还是市场价，其他依据还有变更工程资料、计量规则和计价办法。

删减工程和工作内容（转由他人实施的除外）也属于工程变更，使承包人发生的费用及利润不能被包括在其他已支付价款中时，承包人可以提出费用及合理的利润补偿。

（二）项目特征不符

考题直通

当施工图纸与工程量清单的项目特征描述不符时，投标报价时应依据工程量清单中的项目特征进行综合单价组价，实际施工时，应以实际项目特征进行施工，如果需要调整综合单价时，应按工程变更方法确定综合单价。

（三）工程量清单缺项

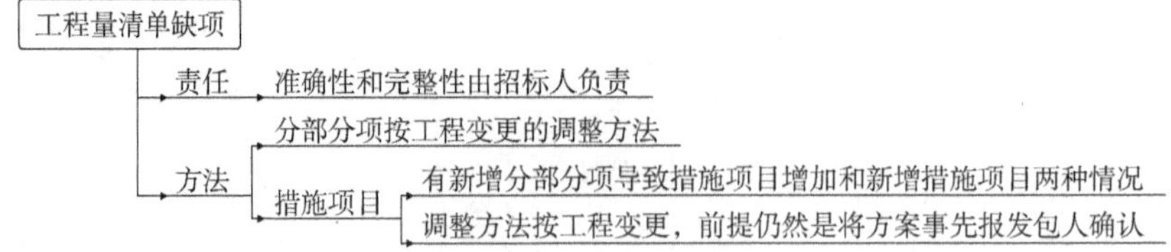

（四）工程量偏差

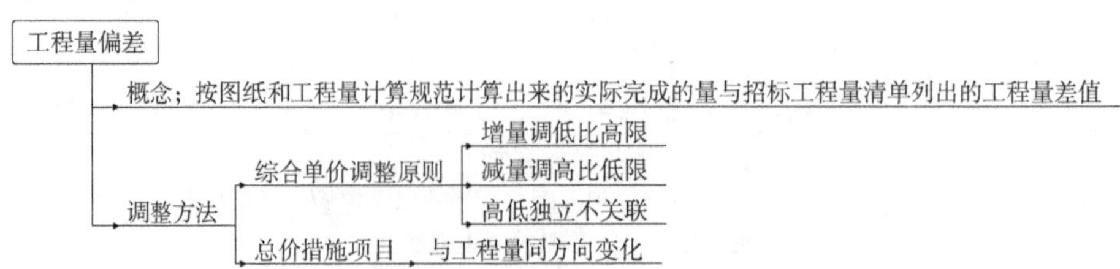

考题直通

本知识点为高频考点，考生务必掌握计算原理。

当承包人实际完成的工程量与工程量清单所列工程量差值大于15%时，应考虑调整综合单价。需要注意的是：此处所指实际完成工程量是指实体净量，即依据图纸和工程量计算规范计算出的工程量，而不是承包人考虑具体措施后实际完成的工程量；偏差界限值15%是计价规范中的建议值，不具有强制性，发承包双方可在合同专用条款中约定偏差值。

具体调整原则为增量调低比高限，减量调高比低限，高低独立不关联，具体详解如下：当工程量增加超过工程量清单中所列工程量的15%时，超出部分工程量的综合单价应予以调高，具体调整原则为用投标报价与高限进行比较，如果投标报价大于高限值，将综合单价调整到高限值，如果投标报价小于或等于高限值，则综合单价不予调整。高限值为最高招标限价中相应综合单价的1.15倍。

当工程量减少超过工程量清单中所列工程量的15%时，减少剩余部分的综合单价应予以调低，具体调整原则为用投标报价与低限值进行比较，如果投标报价低于低限值，则将综合单价调整为低限值，如果投标报价大于或等于低限值，则综合单价不予调整。低限值为0.85倍的最高招标限价中相应综合单价与1减报价浮动率的乘积。

特别注意的是，增量时投标报价与高限值比较，减量时投标报价与低限值比较是相互独立过程。与高限值比较时，即使投标报价比高限值低，也不再考虑与低限值比较；与低限值比较时，即使投标报价比低限值高，也不再考虑与高限值的比较。

（五）计日工

考题直通

任一计日工项目实施结束，承包人应按照确认的计日工现场签证报告核实该类项目的工程数量，并根据核实的工程数量和承包人已标价工程量清单中的计日工单价计算，提出应付价款；已标价工程量清单中没有该类计日工单价的，由发承包双方按工程变更的有关的规定商定计日工单价计算。

每个支付期末，承包人应与进度款同期向发包人提交本期间所有计日工记录的签证汇总表，以说明本期间自己认为有权得到的计日工金额，调整合同价款，列入进度款支付。

经典真题

1. 下列发承包双方在约定调整合同价款的事项中属于工程变更的是（　　）。

A. 工程量清单缺项　　B. 不可抗力

C. 物价波动　　D. 提前竣工

【答案】A

【解析】本题考核工程变更类的范围。工程变更类主要包括工程变更、项目特征不符、工程量清单缺项、工程量偏差及计日工。

2. 根据《建设工程施工合同示范文本》（CF—2017—2201），下列变化应纳入工程变更范围的有（　　）。

A. 改变墙体的厚度　　B. 工程设备的价格上涨

C. 转由他人实施的土石方工程　　D. 提高地基沉降控制标准

E. 增加排水沟长度

【答案】ADE

【解析】本题考核工程变更的内容。

施工合同示范文本	标准施工招标文件
（1）增加或减少合同中任何工作，或追加额外的工作 （2）取消合同中任何工作，但转由他人实施的工作除外 （3）改变合同中任何工作的质量标准或其他特性 （4）改变工程的基线、标高、位置和尺寸 （5）改变工程的时间安排或实施顺序	（1）取消合同中任何一项工作，但被取消的工作不能转由发包人或其他人实施 （2）改变合同中任何一项工作的质量或其他特性 （3）改变合同工程的基线、标高、位置或尺寸 （4）改变合同中任何一项工作的施工时间或改变已批准的施工工艺或顺序 （5）为完成工程需要追加的额外工作

3. 因工程变更引起措施项目发生变化时，关于合同价款的调整，下列说法正确的是（　　）。

A. 安全文明施工费不予调整

B. 按总价计算的措施项目费的调整，不考虑承包人报价浮动因素

C. 按单价计算的措施项目费的调整，以实际发生变化的措施项目数量为准

D. 招标清单中漏项的措施项目费的调整，以承包人自行拟定的实施方案为准

【答案】C

【解析】本题考核工程变更引起措施项目变化的调整原则。A 选项，安全文明施工费，按照实际发生变化的措施项目调整，不得浮动；B 选项，按总价（或系数）计算的措施项目费，除安全文明施工费外，按照实际发生变化的措施项目调整，但应考虑承包人报价浮动因素；D 选项，由于招标工程量清单中措施项目缺项，承包人应将新增措施项目实施方案提交发包人批准后，按照工程变更事件中的有关规定调整合同价款。

4. 某招标工程项目执行《建设工程程量清单计价规范》规定，招标工程量清单中某分项工程的工程量为 1500m^3，施工中由于设计变更调增为 1900m^3，该分项工程最高投标限价综合单价为 40 元/m^3，投标报价为 47 元/m^3，则该分项工程的结算价为（　　）元。

A. 87400　　B. 88900　　C. 89125　　D. 89300

【答案】C

【解析】本题考核工程量偏差合同价款调整方法。计算过程：①$(1900-1500)\div1500=26.67\%>15\%$，超出部分应调整综合单价；②综合单价：$40\times(1+15\%)=46$ 元/m^3 < 47 元/m^3，综合单价调整为 46 元/m^3；③结算价：$1500\times1.15\times47+(1900-1500\times1.15)\times46=89125$ 元。

5. 根据《建设工程工程量清单计价规范》规定，关于计日工费的确认和支付，下列说法中正确的有（　　）。

A. 承包人应按照确认的计日工现场签证报告核实该项目的工程数量和单价

B. 已标价工程量清单中有该类计日工单价的，按该单价计算

C. 已标价工程量清单中没有该类计日工单价的，按承包人报价计算

D. 计日工价款应列入同期进度款支付

E. 发包人通知承包人以计日工方式实施的零星工作，承包人应予执行

【答案】BDE

【解析】本题考核计日工相关知识点。主要知识点如下：①签证原因有承包人应发包人要求完成合同以外的零星项目、非承包人责任事件的工作，或者施工过程中施工条件、地质水文及发包人要求与合同不一致导致承包人费用增加；②签证价款的计算：签证工作如果有相应计日工单价，签证报告中仅需列明数量，如果签证工作没有相应计日工单价的，应列明数量和价格。

考点三、物价变化类合同价款调整事项

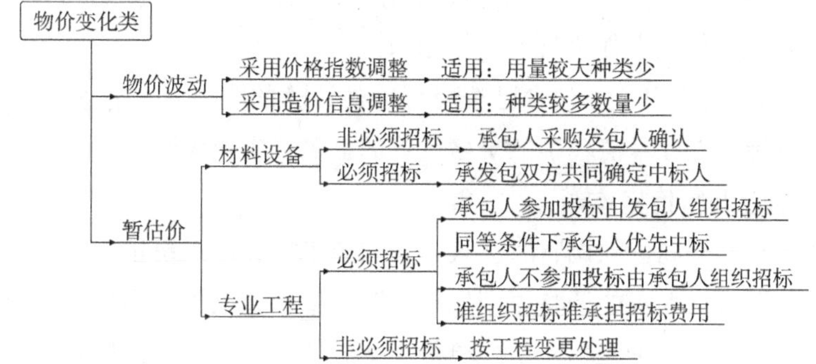

考题直通

本考点中物价波动的两种调整方法为每年必考知识点，考生务必理解计算原理。

1. 采用价格指数调整价格差额

（1）价格调整公式：

$$\triangle P = P_0\left[A + \left(B_1 \times \frac{F_{t1}}{F_{01}} + B_2 \times \frac{F_{t2}}{F_{02}} + B_3 \times \frac{F_{t3}}{F_{03}} + \cdots\cdots + B_n \times \frac{F_{tn}}{F_{0n}}\right) - 1\right]$$

式中　$\triangle P$——需调整的价格差额；

P_0——根据进度付款、竣工付款和最终结清等付款证书中，承包人应得到的已完成工程量的金额。此项金额应不包括价格调整、不计质量保证金的扣留和支付、预付款的支付和扣回。变更及其他金额已按现行价格计价的，也不计在内；

A——定值权重（即不调部分的权重）；

B_1，B_2，B_3，…，B_n——各可调因子的变值权重（即可调部分的权重）为各可调因子在

投标函投标总报价中所占的比例；

F_{t1}，F_{t2}，F_{t3}，…，F_{tn}——各可调因子的现行价格指数，指根据进度付款、竣工付款和最终结清等约定的付款证书相关周期最后一天的前42天的各可调因子的价格指数；

F_{01}，F_{02}，F_{03}，…，F_{0n}——各可调因子的基本价格指数，指基准日的各可调因子的价格指数。

（2）以上价格调整公式中的各可调因子、定值和变值权重，以及基本价格指数及其来源在投标函附录价格指数和权重表中约定。价格指数应首先采用工程造价管理机构提供的价格指数，缺乏上述价格指数时，可采用工程造价管理机构提供的价格代替。也可暂用上一次价格指数计算，并在以后的付款中再按实际价格指数进行调整。

（3）权重的调整。按变更范围和内容所约定的变更，导致原定合同中的权重不合理时，由承包人和发包人协商后进行调整。

（4）延误之后的调整：由于发包人原因导致工期延误的，应采用计划进度日期（或竣工日期）与实际进度日期（或竣工日期）两个价格指数中较高者作为现行价格指数；由于承包人原因导致工期延误的应采用计划进度日期（或竣工日期）与实际进度日期（或竣工日期）两个价格指数中较低者作为现行价格指数。

另外特别注意P_0的确定，不包含已按现行价格计算的变更及其他金额，如果变更金额及其他金额是按已标价工程量清单中的价格计算的，仍然应包含在P_0内。

2. 采用造价信息调整价格差额

采用上述方法进行合同价款调整时，人工费和施工机具使用费按工程造价管理机构发布的文件调整合同价款，材料费的调整原则如下：①如果承包人投标报价中材料单价低于基准单价，工程施工期间材料单价涨幅以基准单价为基础超过合同约定的风险幅度值时，或材料单价跌幅以投标报价为基础超过合同约定的风险幅度值时，其超过部分按实调整；②如果承包人投标报价中材料单价高于基准单价，工程施工期间材料单价跌幅以基准单价为基础超过合同约定的风险幅度值时，或材料单价涨幅以投标报价为基础超过合同约定的风险幅度值时，其超过部分按实调整；③如果承包人投标报价中材料单价等于基准单价，工程施工期间材料单价涨幅、跌幅以基准单价为基础超过合同约定的风险幅度值时，其超过部分按实调整。

需要特别注意的是：承包人应当在采购材料前将采购数量和新的材料单价报发包人核对，发包人认可后作为调整合同价款的依据；如果承包人未报发包人核对即自行采购材料，再报发包人确认调整合同价款的，如发包人不同意，则不做调整。

经典真题

1. 某市政工程施工合同中约定：（1）基准日为2020年2月20日；（2）竣工日期为2020年7月30日；（3）工程价款结算时人工单价、钢材、商品混凝土及施工机具使用费采用价格指数法调差，各项权重系数及价格指数见下表，工程开工后，由于发包人原因导致原计划7月施工的工程延误至8月实施，2020年8月承包人当月完成清单子目价款3000万元，当月按已标价工程量清单价格确认的变更金额为100万元，则本工程2020年8月的价格调整金额为（　　）万元。

	人工	钢材	商品混凝土	施工机具使用费	定值部分
权重系数	0.15	0.10	0.30	0.10	0.35
2020年2月指数	100.0	85.0	113.4	110.0	—
2020年7月指数	105.0	89.0	118.6	113.0	—
2020年8月指数	104.0	88.0	116.7	112.0	—

A. 60.18　　B. 62.24　　C. 67.46　　D. 88.94

【答案】 D

【解析】 本题考核造价指数法调整价格差额。计算过程：$(3000+100)\times(0.15\times105/100+0.1\times89/85+0.3\times118.6/113.4+0.1\times113/110+0.35-1)=88.94$（万元）。

2. 某项目施工合同约定，由承包人承担±10%范围内的碎石价格风险，超出部分采用造价信息法调差。已知承包人投标价格、基准期的价格分别为100/m^3、96元/m^3，2020年7月的造价信息发布价为130元/m^3，则该月碎石的实结算价格为（　　）元/m^3。

A. 117.0　　B. 120.0　　C. 124.4　　D. 130.0

【答案】 B

【解析】 本题考核造价信息调整价格差额：$130-100\times1.1+100=120.0$（元/$m^3$）。

3. 关于依法必须招标的给定暂估价的专业工程招标下列说法正确的有（　　）。

A. 承包人不参加投标的，应由承包人作为招标人

B. 承包人组织招标工作的有关费用应另行计算

C. 承包人参加投标的，应由发包人负责招标

D. 发包人组织招标工作的有关费用应由从签约合同价中扣回

E. 承包人参加投标的，同等条件下应优先中标

【答案】 ACE

【解析】 本题考核暂估价调整原则。关于材料、设备暂估价，不属于依法必须招标的，由承包人采购、发包人确认取代暂估价，属于依法必须招标的，由发承包双方以招标投标方式共同选择供应商，以中标价取代暂估价；关于专业工程，不属于依法必须招标的，按照工程变更原则确定合同价款，属于依法必须招标的，如果承包人参加投标，由发包人组织招标，如果承包人不参加投标，由承包人组织招标，以中标价取代暂估价，注意谁组织招标谁承担招标的费用。

另外，投标人参加投标的，同等条件下，应优先选择承包人中标。

考点四、工程索赔类合同价款调整事项

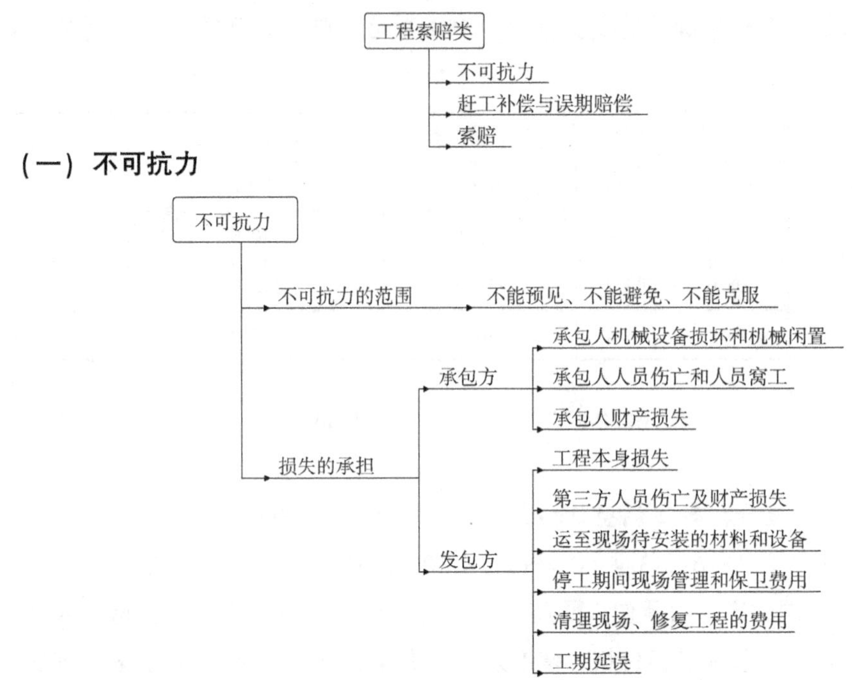

（一）不可抗力

考题直通

不可抗力的风险是发承包双方应分担的风险，分担原则可简记为承包人承担自身人财机（人员伤亡及窝工、自身财产、机械闲置及损坏）损失，发包人承担的内容有工程设备人材机，清理修复延工期。

（二）赶工补偿与误期赔偿

考点直通

发包人应当依据相关工程的工期定额合理计算工期，压缩的工期天数不得超过定额工期的 20%；超过的，应在招标文件中明示增加赶工费用。发包人要求合同工程提前竣工，应征得承包人同意后与承包人商定采取加快工程进度的措施并承担提前竣工（赶工补偿）费，与结算款一并支付。

承包人未按照合同约定施工，导致实际进度迟于计划进度的，承包人应加快进度，实现合同工期。合同工程发生误期，承包人应赔偿发包人由此造成的损失，并应按照合同约定向发包人支付误期赔偿费。即使承包人支付误期赔偿费，也不能免除承包人按照合同约定应承担的任何责任和应履行的任何义务。误期赔偿费应按照已颁发工程接收证书的单项（或单位）工程造价占合同价款的比例幅度予以扣减。

（三）索赔

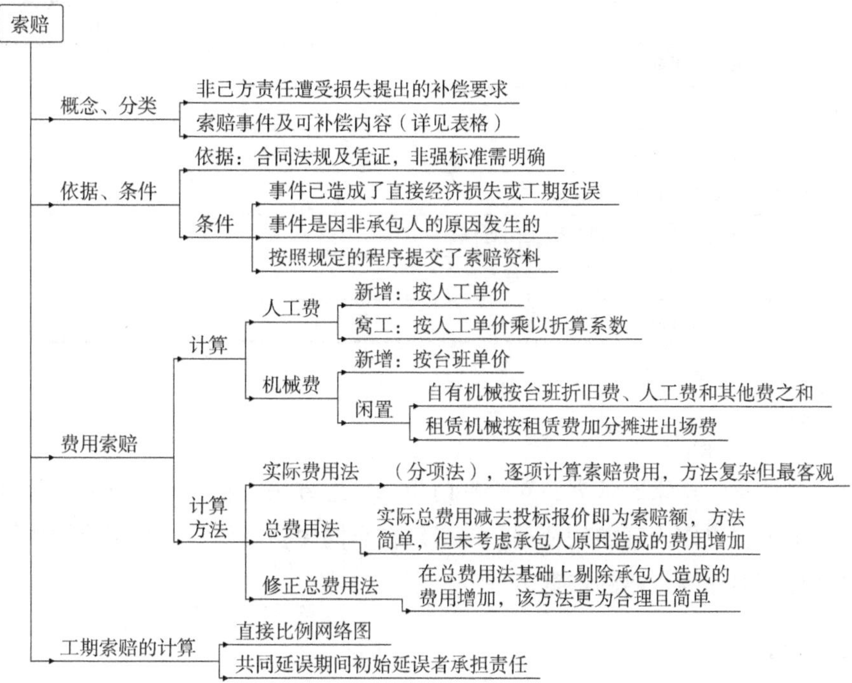

可索赔事件及内容一览表

序	条款号	索赔事件	费用	利润	工期
1	16.1.1	因发包人违约导致承包人停工	√	√	√
2	7.5.1	因发包人原因造成工期延误	√	√	√
3	7.8.1	因发包人暂停施工造成工期延误	√	√	√
4	7.8.6	因发包人原因工程无法按时复工	√	√	√
5	5.1.2	因发包人原因导致承包人工程返工	√	√	√
6	1.6.1	发包人延迟提供图纸	√	√	√
7	2.4.1	发包人延迟提供场地	√	√	√
8	7.4	发包人提供错误资料导致测量放线错误	√	√	√
9	8.3.1	发包人提供材料不合格，延迟提供或变更交货地点	√	√	√
10	5.4.2	发包人提供材料造成工程不合格	√	√	√
11	8.1	发包人提供材料提前	√		
12	6.1.9.	发包人原因造成承包人人员伤亡	√		
13	5.2.3	工程师要求对工程重新检查且结果合格	√	√	√
14	5.3.3	工程师要求对材料重新检查且结果合格	√	√	√
15	13.4.2	发包人在工程竣工前提前占用工程	√	√	√
16	13.3.2	发包人原因导致工程试运行失败	√	√	
17	15.2.2	工程移交后发包人原因出现缺陷的修复	√	√	
18	13.3.2	工程移交后发包人原因出现缺陷修复后的试验	√		

（续）

序	条款号	索赔事件	费用	利润	工期
19	7.9	承包人提前竣工	√		
20	11.2	基准日期后法律变化	√		
21	1.9	施工中发现文物、古迹	√		√
22	8.1	施工中遇到不利物质条件	√		√
23	7.7	异常恶劣气候条件导致工期延误			√
24	17.3.2	因不可抗力工程照管、清理修复	√		
25	17.3.2	因不可抗力造成工期延误			√

考题直通

本考点需要注意的是索赔依据，对于部门规章、地方法规和不属于强制性标准的其他标准、规范和计价依据也作为索赔的依据，但必须在合同中明确约定，如果合同中没有明确约定，则上述文件不能作为索赔的依据。

经典真题

1. 因不可抗力造成的下列损失，应由承包人承担的是（　　）。

A. 工程所需清理、修复费用

B. 运至施工场地待安装设备的损失

C. 承包人的施工机械设备损坏及停工损失

D. 停工期间发包人要求承包人留在工地的保卫人员费用

【答案】 C

【解析】 本题考核不可抗力的责任承担。不可抗力发生后，承包人仅承担自身的人员伤亡、财产损失及停工损失；发包人需要承担自身的、第三方的人员伤亡及财产损失以及工程损失（如用于工程的材料设备损坏、工程损坏、清理修复及不可抗力期间留在现场管理和保卫人员的工资等）。

2. 某施工合同中的工程内容由主体工程与附属工程两部分组成，两部分工程的合同额分别为 800 万元和 200 万元。合同中对误期赔偿费的约定是：每延误一个日历天应赔偿 2 万元，且总赔费不超过合同总价款的 5%，该工程主体工程按期通过竣工验收，附属工程延误 30 日历天后通过竣工验收，则该工程的误期赔偿费为（　　）万元。

A. 10　　B. 12　　C. 50　　D. 6

【答案】 B

【解析】 本题考核误期赔偿按比例幅度扣减的计算。$2 \times 30 \times 200 \div (800 + 200) = 12$（万元）。

3. 某施工现场主导施工机械一台，由承包人租得。施工合同约定，当发生索赔事件时，该机械台班单价、租赁费分别按900元/台班、400元/台班计；人工工资、窝工补贴分别按100元/工日、50元/工日计；以人工费与机械费之和为基数的综合费率为30%。在施工过程中，发生如下事件：①出现异常恶劣天气导致工程停工2天，人员窝工20个工日；②因恶劣天气导致工程修复用工10个工日、主导机械1个台班。为此承包人可向发包人索赔的费用为（　　）元。

A. 1820　　B. 2470
C. 2820　　D. 3470

【答案】B

【解析】本题考核工程索赔的计算。需要注意的是：事件①属于异常恶劣气候，不可以索赔费用。计算过程：（10×100+900）×（1+30%）=2470（元）。

4. 根据《标准施工招标文件》通用合同条款，承包人只能获得工期和费用补偿的索赔事件有（　　）。

A. 延迟提供施工场地　　B. 发包人提供不合格设备
C. 发包人负责的材料延迟提供　　D. 施工遇到不利物质条件
E. 施工中发现文物

【答案】DE

【解析】本题考核承包人索赔事件及补偿内容。详见可索赔事件及内容一览表。

考点五、其他类合同价款调整事项

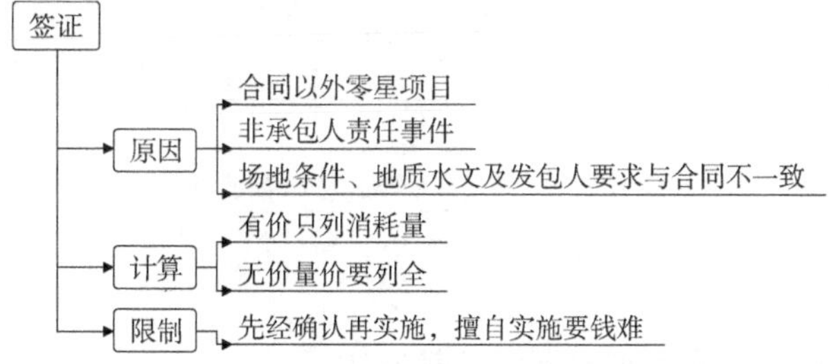

经典真题

1. 施工合同履行期间出现现场签证事件时，现场签证应由（　　）提出。

A. 发包人　　B. 监理人
C. 设计人　　D. 承包人

【答案】D

【解析】本题考核签证相关知识点。承包人在施工过程中，若发现合同工程内容因场地条件、地质水文、发包人要求等不一致时，应提供所需的相关资料，提交发包人签证认可，作为合同价款调整的依据。

2. 关于施工过程中的现场签证，下列说法中正确的是（　　）。

A. 发包人应按照现场签证内容计算价款，在竣工结算时一并支付

B. 没有计日工单价的现场签证，按承包商提出的价格计算并支付

C. 因发包人口头指令实施的现场签证事项，其发生的费用应由发包人承担

D. 经发包人授权的工程造价咨询人，可与承包人做现场签证

【答案】 D

【解析】 本题考核现场签证相关知识点。主要知识点如下：①签证原因有承包人应发包人要求完成合同以外的零星项目、非承包人责任事件的工作，或者施工过程中施工条件、地质水文及发包人要求与合同不一致导致承包人费用增加；②签证价款的计算：签证工作如果有相应计日工单价，签证报告中仅需列明数量，如果签证工作没有相应计日工单价的，应列明数量和价格；③特别注意，承包人一定要经发包人签证确认后方可实施工作，签证价款随进度款同期支付，如果未报发包人签证确认的，发生的费用由承包人承担。

第二节　工程合同价款支付与结算

一、框架体系

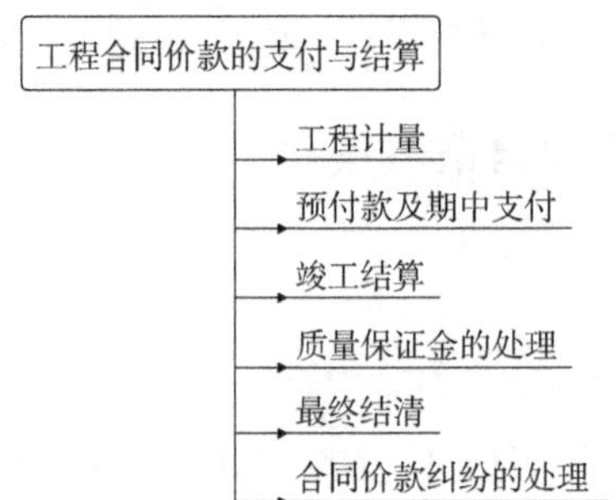

二、考点预测

1. 工程计量的原则及不同类型合同的计量方法。
2. 预付款数额的计算、起扣点的计算、预付款保函的相关规定。
3. 安全文明施工费的支付。
4. 竣工结算的审核主体、审核方法、承包人异议的处理及质量争议工程的结算。
5. 不可抗力解除合同各类费用的承担主体。
6. 质量保证金的管理、使用、返还及最终结清的程序。
7. 施工合同无效的情形，处理方式及不能认定为无效的情形。
8. 垫资施工合同的纠纷处理。
9. 造价鉴定依据的分类、鉴定意见的分类及适用范围。

三、考点详解

考点一、工程计量

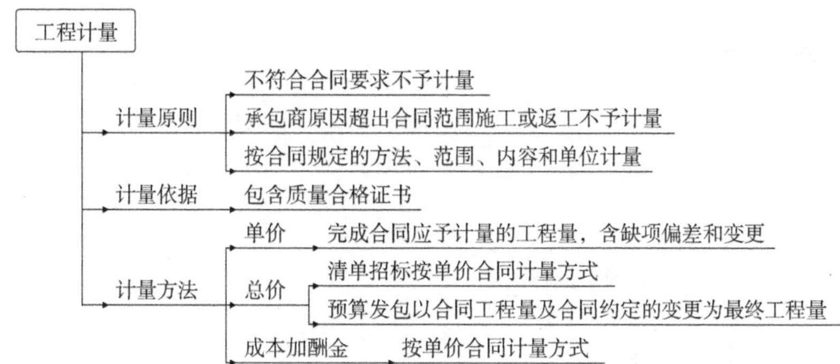

经典真题

1. 工程施工中的下列情形，发包人不予计量的有（　　）。

A. 监理人抽检不合格返工增加的工程量

B. 承包人自检不合格返工增加的工程量

C. 承包人修复因不可抗力损坏工程增加的工程量

D. 承包人在合同范围之外按发包人要求增建的临时工程工程量

E. 工程质量验收资料缺项的工程量

【答案】 ABE

【解析】 本题考核工程计量的范围、原则及依据。因承包人原因造成超出合同工程范围施工或者返工工程量发包人不予计量，自检不合格、抽检不合格均是承包人自身原因，工程质量验收资料缺项也是承包人资料管理不善导致，以上三项均不予计量；因不可抗力导致增加工程量及发包人要求增建的临时工程产生的工程量均属于发包人原因，工程量应予以计量。

2. 根据《建设工程工程量清单计价规范》规定，关于工程计量，下列说法中正确的是（　　）。

A. 合同文件中规定的各种费用支付项目应予计量

B. 因异常恶劣天气造成的返工工程量不予计量

C. 成本加酬金合同应按总价合同的计量规定进行计量

D. 总价合同应按实际完成的工程量计算

【答案】 A

【解析】 本题考核工程计量的相关规定。工程计量的范围包括工程量清单及工程变更所修订的工程量清单内容、合同文件中规定的各种费用支付项目（如索赔、预付款、价格调整及违约金等）；关于工程计量的方法，单价合同计量方法按承包人依据合同完成的且按工程量计算规则得到的工程量，如遇缺项、工程量偏差及工程变更，按承包人在履行合同过程中完成的工程量计算；总价合同除按工程变更引起的工程量增减外，合同中约定的工程量就是承包人用于结算的最终工程量；成本加酬金合同按单价合同的计量规定计算。另外，因异常恶劣气候导致的返工工程量应予以计量。

考点二、预付款及期中支付

（一）预付款

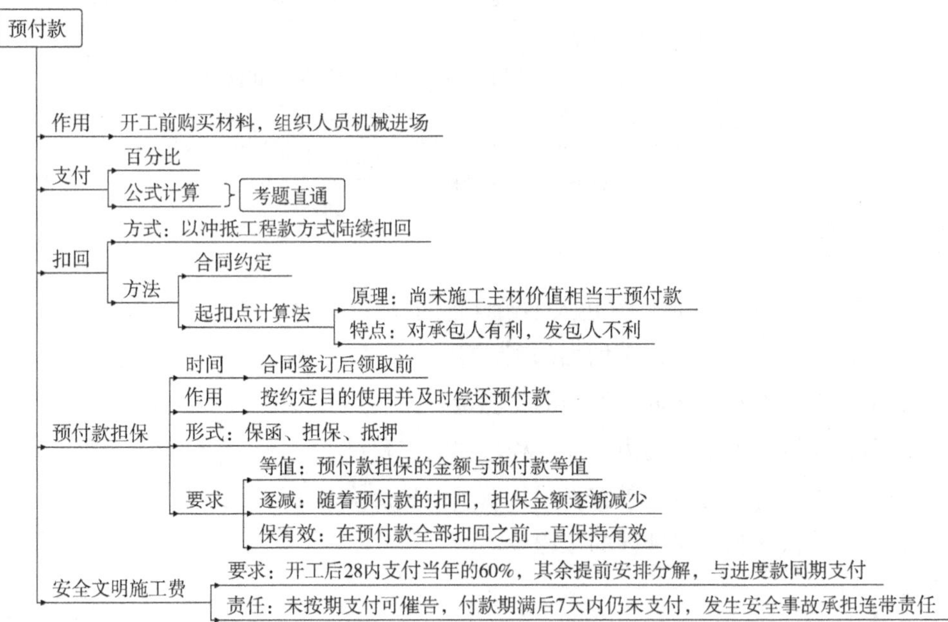

考题直通

本知识点需要掌握预付款的计算和起扣点计算法。

1. 预付款的计算

工程预付款数额 = 年度工程总价 × 材料比例（%）/年度施工天数 × 材料储备定额天数

式中，年度施工天数按365天日历天计算；材料储备定额天数由当地材料供应的在途天数、加工天数、整理天数、供应间隔天数、保险天数等因素决定。

2. 起扣点计算法

该方法从未施工工程尚需的主要材料及构件的价值相当于工程预付款数额时起扣，此后每次结算工程价款时，按材料所占比重扣减工程价款，至工程竣工前全部扣清。公式为：

$$T = P - M/N$$

式中 T——起扣点（即工程预付款开始扣回时）的累计完成工程金额；

P——承包工程合同总额；

M——工程预付款总额；

N——主要材料及构件所占比重。

（二）期中支付

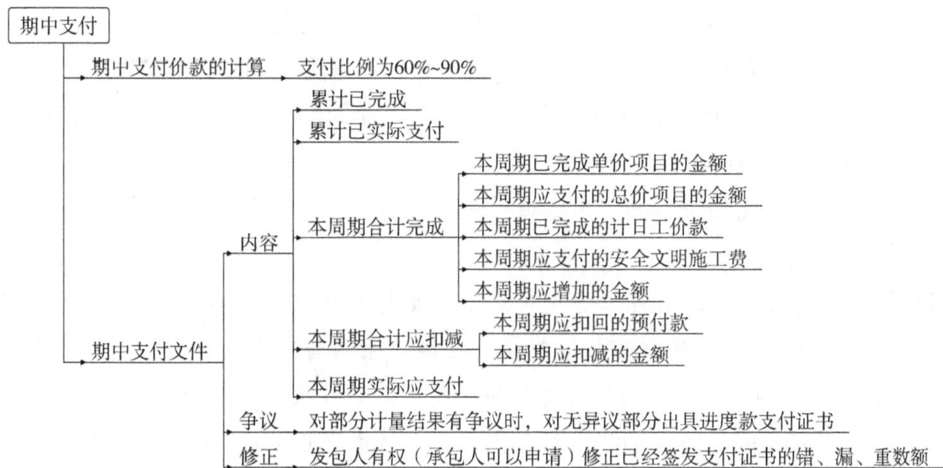

考题直通

本知识点中务必熟练掌握期中支付文件（进度款支付申请表）的费用项目组成，该表不仅为多选题考点，而且与案例分析科目结合紧密。

经典真题

1. 下列关于预付款担保的说法中，正确的有（　　）。

A. 预付款担保应在施工合同签订后、预付款支付前提供

B. 预付款担保必须采用银行保函的形式

C. 承包人中途毁约，中止工程，发包人有权从预付款担保金额中获得预付款补偿

D. 发包人应在预付款扣完后将预付款保函退还承包人

E. 在预付款全部扣回之前，预付款保函应始终保持有效，且担保金额始终保持不变

【答案】 ACD

【解析】 本题考核预付款担保相关知识。提交预付款担保的时间为签订合同后领取预付款之前，作用是保证承包人能够按照合同规定的目的使用并及时偿还发包人已支付的全部预付款金额；主要形式是银行保函，还有担保公司担保、抵押等；担保金额与预付款是等值的；预付款一般逐月在进度款中扣除，担保金额也相应减少，但在预付款扣完之前应一直保持有效。

2. 某工程合同总额为20000万元，其中主要材料占比40%，合同中约定的工程预付款项总额为2400万元，则按起扣点计算法计算的预付款起扣点为（　　）万元。

A. 6000　　B. 8000　　C. 12000　　D. 14000

【答案】 D

【解析】 本题考核预付款起扣点公式的应用。计算过程：20000 − 2400 ÷ 40% = 14000（万元）。

3. 关于全文明施工费的支付，下列说法正确的是（　　）。

A. 按施工工期平均分摊安全文明施工费，与进度款同期支付

B. 按合同建筑安装工程费分摊安全文施工费，与进度款同期支付

C. 在开工后 28 天内预付不低于当年施工进度计划的安全文明施工费总额的 60%，其余部分与进度款同期支付

D. 在正式开工前预付不低于当年施工进度计划的安全文明施工费总额的 60%

【答案】 C

【解析】 本题考核安全文明施工费支付规定。发包人应在开工后 28 天内预付不低于当年安全文明施工费的 60%，其余部分按照提前安排的原则与进度款同期支付；发包人未及时支付可催告，付款期满后 7 天内仍未支付的，发生安全事故承担连带责任。

4. 承包人提交的已完工程进度款支付申请中，应计入本周期完成合同价款中的有（　　）。

A. 本周期已完成单价项目的金额

B. 本周期应支付的总价项目的金额

C. 本周期应扣回的预付款

D. 本周期应支付的安全文明施工费

E. 本周期完成的计日工价款

【答案】 ABDE

【解析】 本题考核进度款支付申请的内容。进度款支付申请的内容包括：①累计已完成合同价款；②累计已支付合同价款；③本周期合计完成的合同价款；④本周期合计应扣减的金额；⑤本周期实际应支付的合同价款。其中：本周期合计完成的合同价款包括本周期已完成的单价项目金额、本周期应支付的总价项目金额、本周期已完成计日工价款、本周期应支付的安全文明施工费、本周期应增加的金额。

考点三、竣工结算

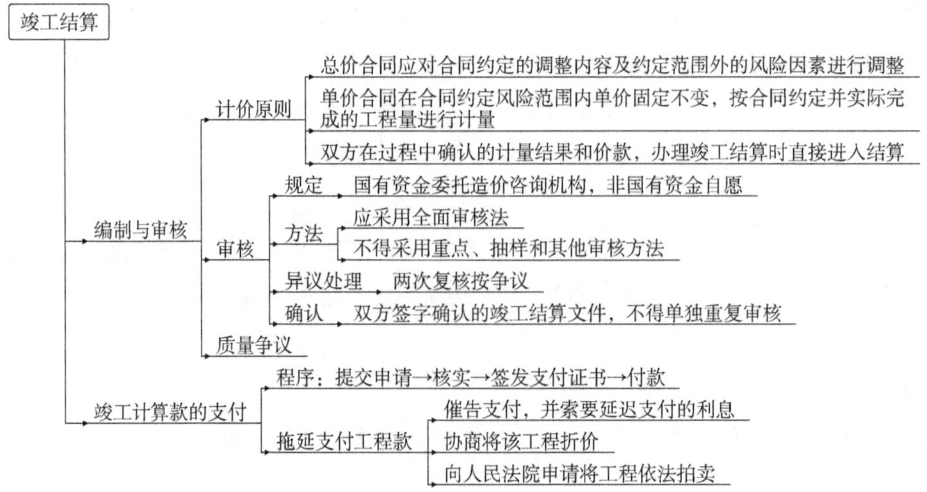

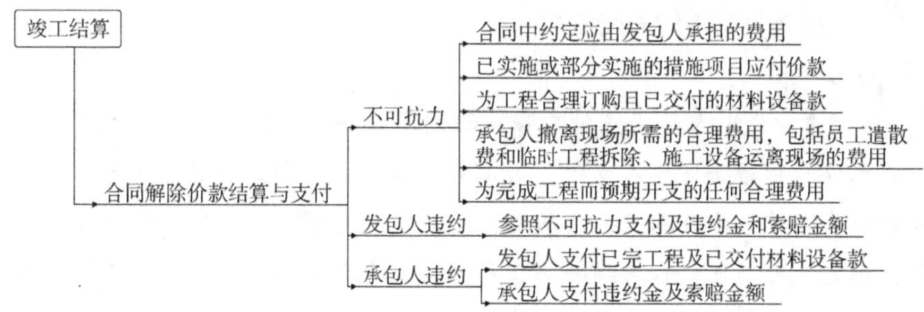

考题直通

本考点注意竣工结算审核时异议的处理，造价咨询机构审核意见与承包人提交的竣工结算文件不一致时，并不是直接按争议处理，具体程序如下：咨询机构将不一致内容提交承包人复核→承包人复核后提交造价咨询机构→咨询机构再次复核，无异议的办理竣工结算，有异议部分先协商，协商不成按争议处理。

经典真题

1. 对于国有资金投资的建设工程，受发包人委托对竣工结算文件进行审核的单位是（　　）。

A. 工程造价咨询机构　　B. 工程设计单位

C. 工程造价管理机构　　D. 工程监理单位

【答案】 A

【解析】 本题考核竣工结算文件的审核。国有资金投资建设工程的发包人，应当委托工程造价咨询机构对竣工结算文件进行审核。

2. 关于政府投资项目竣工结算的说法正确的是（　　）。

A. 合同施工过程中双方确认的合同价款，竣工结算时应重新审核

B. 竣工结算可以采用重点审核法或抽样审核法

C. 建设项目竣工结算由发包人委托造价工程师审核

D. 竣工结算文件由发包人委托工程造价咨询机构审核

【答案】 D

【解析】 本题考核竣工结算文件的审核。发承包双方在合同工程实施过程中已经确认的工程计量结果和合同价款，在竣工结算办理中应直接进入结算；竣工结算审核应采用全面审核法，除委托咨询合同另有约定外，不得采用重点审核法、抽样审核法或类比审核法等其他方法；国有资金投资建设工程的发包人，应当委托工程造价咨询机构对竣工结算文件进行审核。

3. 发包人未按规定程序支付竣工结算款项的，承包人可以（　　）。

A. 催告发包人付款　　B. 获得延迟支付利息的权利

C. 直接将工程折价　　D. 直接将工程拍卖

E. 就工程拍卖价获得优先受偿权

【答案】ABE

【解析】本题考核发包人延迟支付工程款的处理办法。发包人未按照规定的程序支付竣工结算款的，承包人可催告发包人支付，并有权获得延迟支付的利息。发包人在竣工结算支付证书签发后或者在收到承包人提交的竣工结算款支付申请规定时间内仍未支付的，除法律另有规定外，承包人可与发包人协商将该工程折价，也可直接向人民法院申请将该工程依法拍卖。承包人就该工程折价或拍卖的价款优先受偿。

考点四、质量保证金的处理

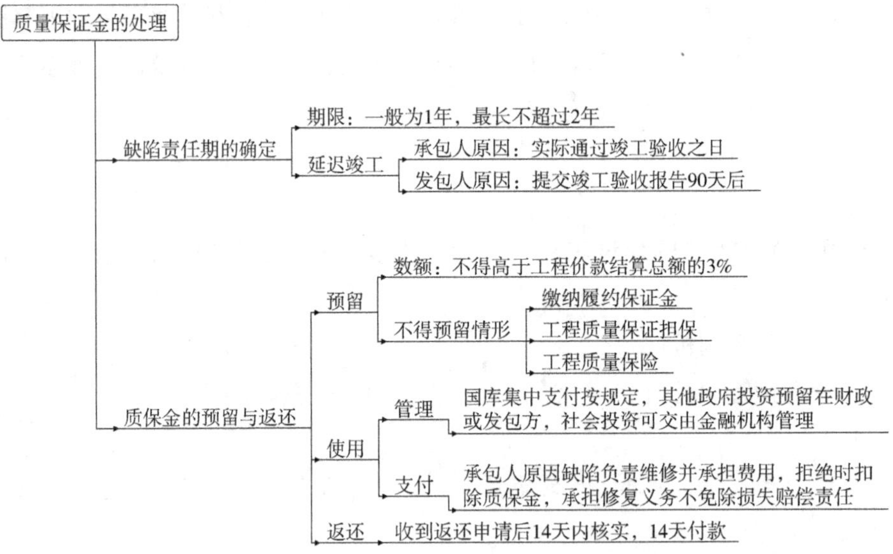

考题直通

本考点值得注意的是，预留质保金的作用是制约承包人在缺陷责任期内能够履行缺陷修复义务，如果承包人原因造成缺陷，承包人能够积极履行保修义务并承担相应费用，则不应扣除质保金，如果是非承包人原因造成的缺陷，承包人没有修复义务；如果是承包人原因造成的缺陷且承包人不履行修复义务，此时应扣除质保金。

经典真题

1. 关于工程质量保证金，下列说法中正确的是（　　）。

A. 质量保证金总预留比例不得高于签约合同价的5%

B. 已经缴纳履约保证金的，不得同时预留质量保证金

C. 采用工程质量保证担保的，预留质保金不得高于合同价的2%

D. 质量保证金的返还期限一般为2年

【答案】B

【解析】本题考核质量保证金的相关规定。质量保证金总预留比例不得高于工程结算总额的3%，如果已经缴纳履约保函或实行工程质量担保、工程保险的，不再预留质量保证金；质量保证金的期限同缺陷责任期的期限，一般为1年，最长不超过2年。

2. 建设工程在缺陷责任期内，由第三方原因造成的缺陷（　　）。

A. 应由承包人负责维修，费用从质量保证金中扣除

B. 应由承包人负责维修，费用由发包人承担

C. 发包人委托承包人维修的，费用由第三方支付

D. 发包人委托承包人维修的，费用由发包人支付

【答案】D

【解析】本题考核质量缺陷的处理。由他人及不可抗力原因造成的缺陷，发包人负责维修，承包人不承担费用，且发包人不得从保证金中扣除费用；如发包人委托承包人维修的，发包人应支付相应的维修费用。

考点五、最终结清

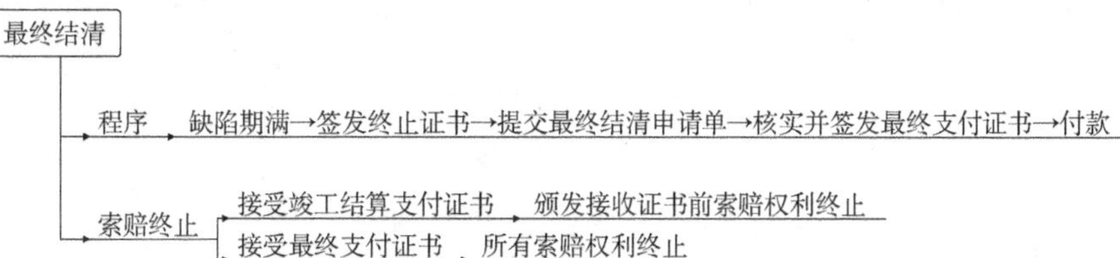

考题直通

本考点常考题型为缺陷责任期满后的付款程序及索赔权利终止的时点。

经典真题

1. 建设工程最终结清的工作事项和时间节点包括：①提交最终结清申请单；②签发最终结清支付证书；③签发缺陷责任期终止证书；④最终结清付款；⑤缺陷责任期终止。按时间先后顺序排列正确的是（　　）。

A. ⑤③①②④　　　　B. ①②④⑤③

C. ③①②④⑤　　　　D. ①③②⑤④

【答案】A

【解析】本题考核最终结清程序。

2. 承包人按合同约定接受竣工结算支付证书的，可以认为承包人已无权要求（　　）颁发前发生的索赔。

A. 合同工程接收证书　　　　B. 质量保证金返还证书

C. 缺陷责任期终止证书　　　　D. 最终支付证书

【答案】A

【解析】本题考核最终结清相关知识点。承包人按合同约定接受了竣工结算支付证书后，应被认为已无权再提出在合同工程接收证书颁发前所发生的任何索赔。承包人在提交的最终结清申请中，只限于提出工程接收证书颁发后发生的索赔。提出索赔的期限自接受最终支付证书时终止。

3. 发包人收到承包人提交的最终结清申请单，并在规定时间内予以核实后，向承包人签发（　　）。

A. 工程接收证书　　B. 竣工结算支付证书

C. 缺陷责任期终止证书　　D. 最终支付证书

【答案】D

【解析】本题考核最终结清的程序。具体程序为：缺陷责任期满且承包人完成剩余工作且合格的，发包人签发缺陷责任期终止证书，然后承包人才能提交最终结清申请单，发包人核对无误后签发最终支付证书，并在规定时间内支付最终结清款。

考点六、合同价款纠纷的处理

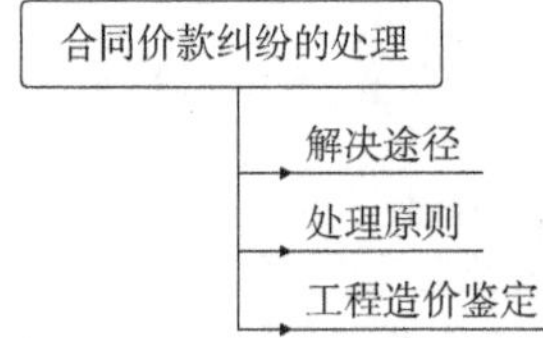

（一）纠纷解决途径

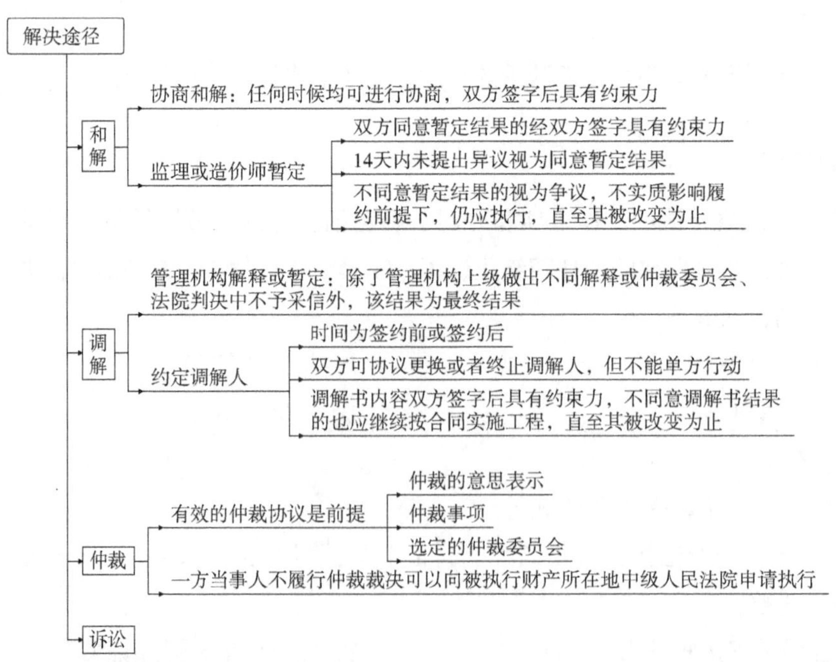

（二）纠纷处理原则

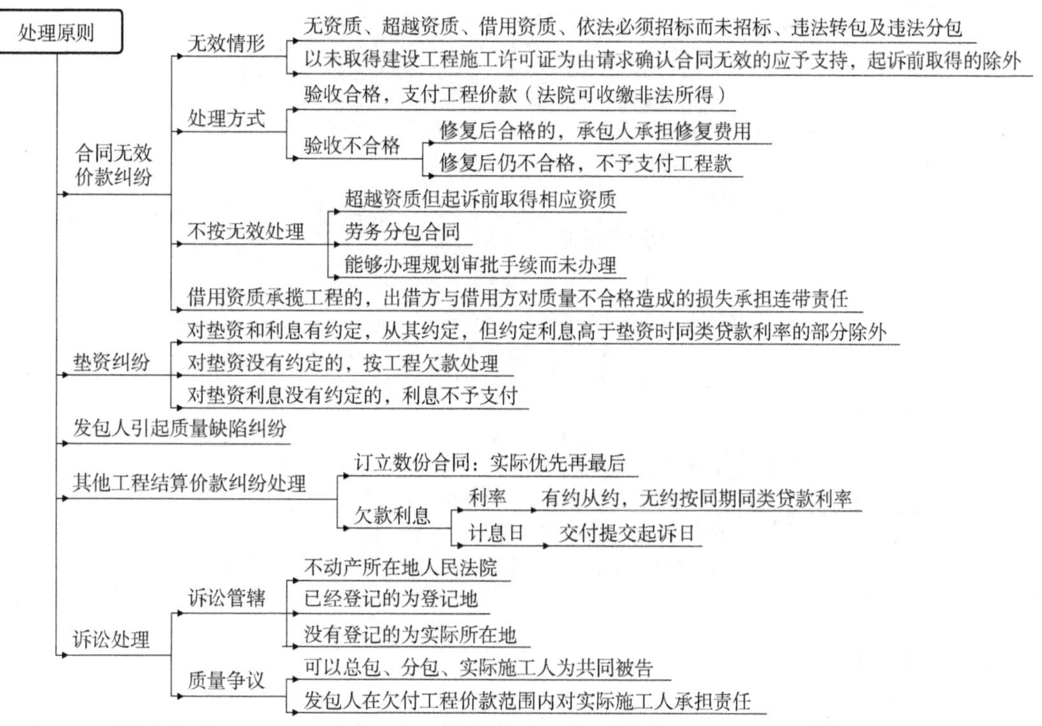

（三）工程造价鉴定

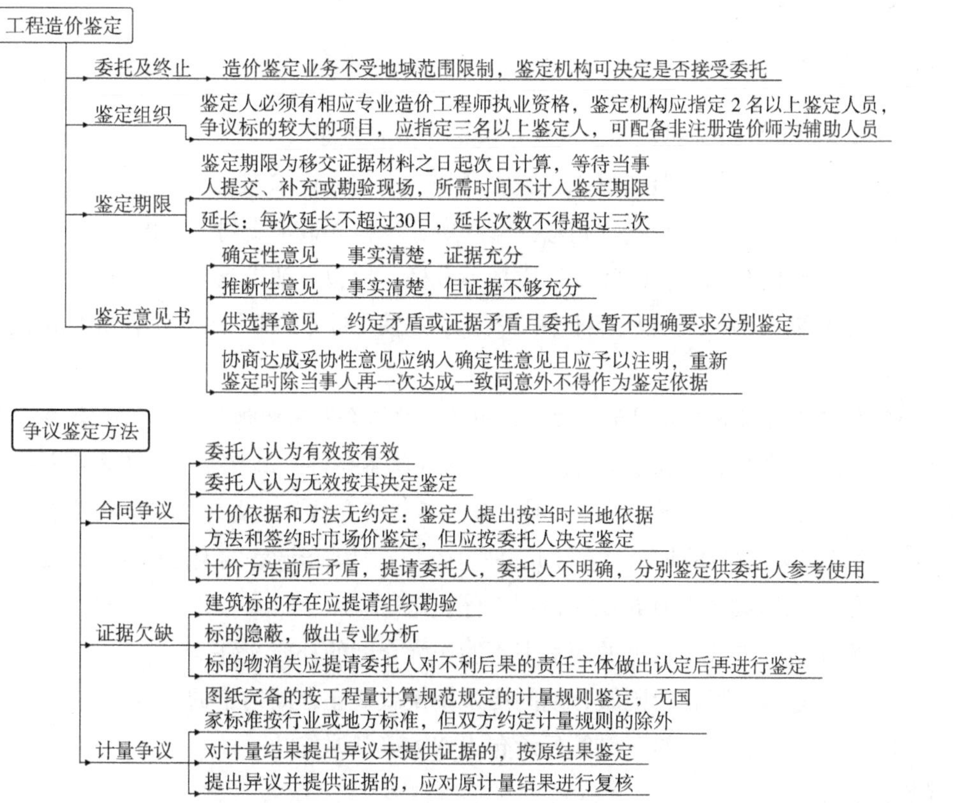

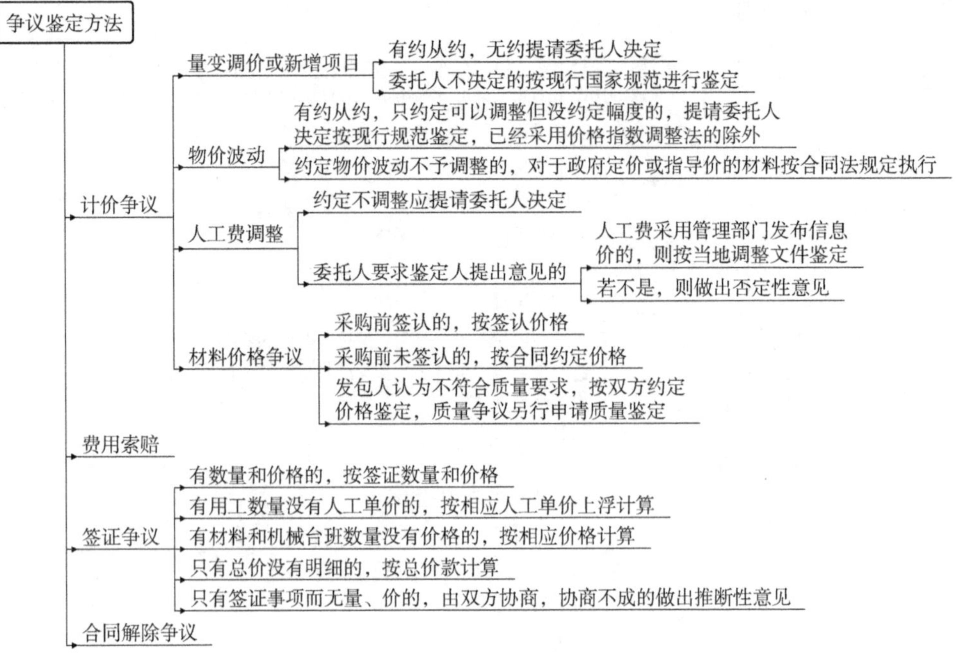

考题直通

本考点知识内容繁杂，鉴定过程中一个总的原则为鉴定人不能够自作主张鉴定，遇到分歧时应提请委托人决定。

经典真题

1. 关于合同价款纠纷的处理，人民法院应予支持的是（　　）。

A. 施工合同无效，但工程竣工验收合格，承包人请求支付工程价款的

B. 发包人与承包人对垫资利息没有约定，承包人请求支付利息的

C. 施工合同解除后，已完工程质量不合格，承包人请求支付工程价款的

D. 未经竣工验收，发包擅自使用工程后，以使用部分的工程质量不合格为由主张权利的

【答案】 A

【解析】 本题考核施工合同无效的相关规定。施工合同无效但经竣工验收合格，承包人请求参照约定支付合同价款的应予支持；如果竣工验收不合格，但经承包人修复后合格的，发包人请求承包人承担修复费用的，应予支持；修复后仍不合格请求支付工程价款的不予支持。

2. 调解是解决工程合同价款纠纷的一种途径，下列关于调解的说法中正确的是（　　）。

A. 承包人对调解书有异议时，可以停止施工

B. 发承包双方签字认可的调解书不能作为合同的补充文件

C. 发承包双方可在合同履行期间协议调换或终止合同约定的调解人

D. 调解人的任期在竣工结算经承包人双方确认时终止

【答案】 C

【解析】本题考核调解的相关规定。发承包双方约定调解人后可协议调换或终止任何调解人，但是任何一方不能单独行动；在最终结清付款证书生效后，调解人的任期即终止；双方发生争议调解人提出调解书的，如果双方接受的，经签字后作为合同补充文件，如果有异议的，应向对方发出通知，同时，除非调解书在仲裁裁决、诉讼判决书中做出修改或者合同解除，承包人应当继续按照合同约定实施工程。

3. 为保证建设工程仲裁协议有效，合同双方签订的仲裁协议中必须包括的内容有（　　）。

A. 请求仲裁的意思表达　　B. 仲裁事项

C. 选定的仲裁员　　D. 选定的仲裁委员会

E. 仲裁结果的执行方式

【答案】ABD

【解析】本题考核仲裁的前提条件。仲裁协议的内容应当包括：①请求仲裁的意思表示；②仲裁事项；③选定的仲裁委员会。

4. 某国内工程合同对欠付价款利息计付标准和付款时间没有约定，若发生欠款事件时，下列利息支付的说法中错误的是（　　）。

A. 按照中国人民银行发布的同期各类贷款利率中的高值计息

B. 建设工程已实际交付的，计息日为交付之日

C. 建设工程没有交付的，计息日为提交竣工结算文件之日

D. 建设工程未交付的，工程价款也未结算的，为当事人起诉之日

【答案】A

【解析】本题考核工程欠款利息的相关规定。具体原则为：当事人对欠款利息有约定的从其约定，没有约定的按中国人民银行发布的同期同类贷款利率计算；利息从应付价款之日计付，约定不明确的为工程交付之日，工程未交付的为提交竣工结算文件之日，工程未交付也未提交竣工结算文件的，为当事人起诉之日。

5. 根据《建设工程造价鉴定规范》（GB/T 51262—2017），关于鉴定期限的起算，下列说法正确的是（　　）。

A. 从鉴定机构函回复委托人接受委托之日起算

B. 从鉴定机构函回复委托人接受委托之日的次日起算

C. 从鉴定人接收委托人移交证据材料之日起算

D. 从鉴定人接收委托人移交证据材料之日的次日起算

【答案】D

【解析】本题考核工程造价鉴定相关知识点。鉴定期限从鉴定人接收委托人按照规定移交证据材料之日起的次日起算。

6. 关于工程签证争议的鉴定，下列做法错误的是（　　）。

A. 签证明确了人工、材料、机具台班数量及价格的，按签证的数量和价格计算

B. 签证只有用工数量没有单价的，其人工单价比照鉴定项目人工单价下浮计算

C. 签证只有材料用量没有价格的，其材料价格按照鉴定项目相应材料价格计算

D. 签证只有总价款而无明细表述的，按总价款计算

【答案】B

【解析】本题考核工程签证争议的鉴定。具体规定为：①签证明确了人、材、机数量及其价格的，按签证的数量和价格计算；②签证只有用工数量没有人工单价的，人工单价按照工作技术要求比照鉴定项目相应工程人工单价适当上浮计算；③签证只有材料机具台班用量没有价格的，材料和台班价格按照鉴定项目相应工程材料和台班价格计算；④签证只有总价款而无明细表述的，按总价款计算。

第三节　工程总承包和国际工程合同价款结算

一、框架体系

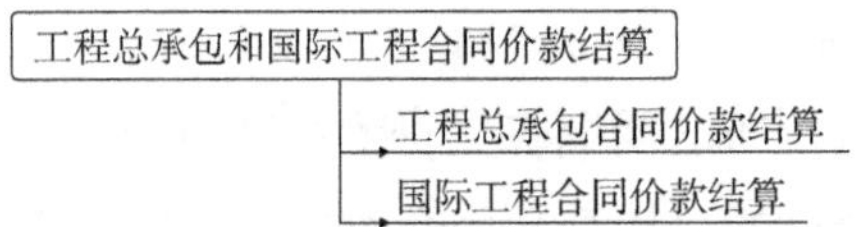

二、考点预测

1. 工程总承包变更的分类及各类变更程序。
2. 工程总承包预付款保函的提交时间、担保期限和担保金额。
3. 工程总承包暂估价相关规定。
4. 国际工程工程量变化引起价格调整应满足的条件。
5. 国际工程材料设备款的预支条件、预支比例和扣回。

三、考点详解

考点一、工程总承包合同价款的结算

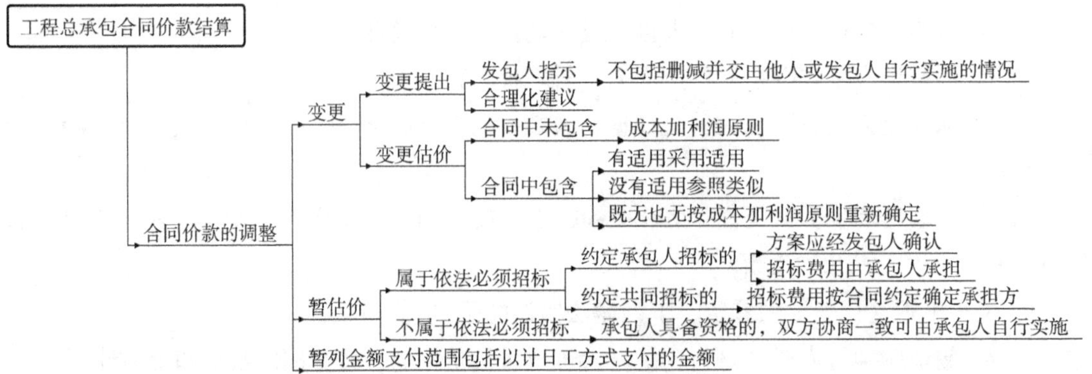

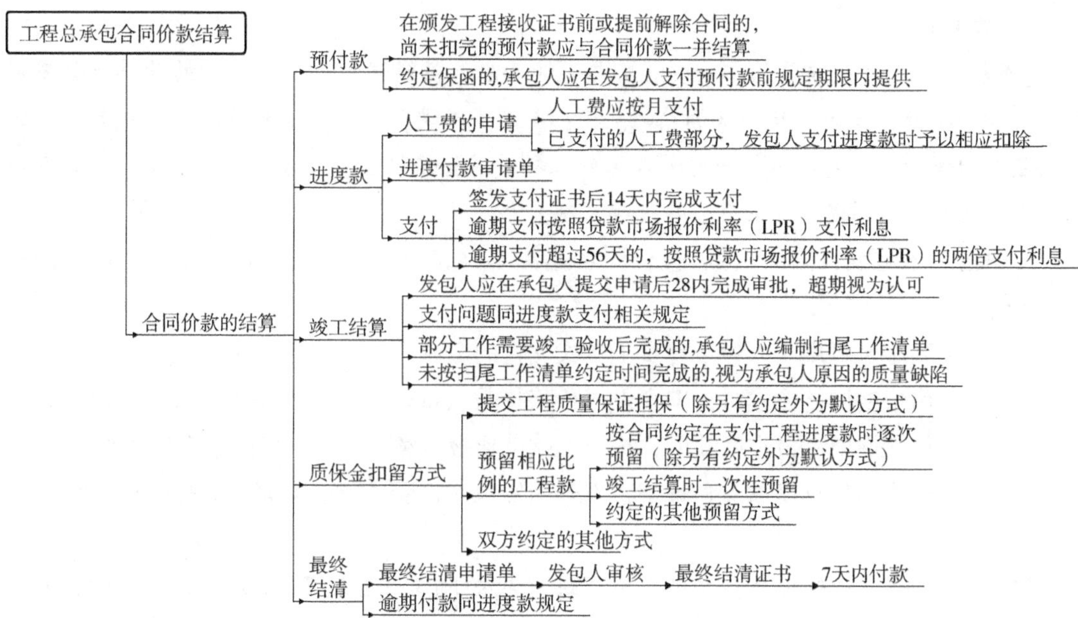

考题直通

本考点知识点较多，但多数知识点与施工合同价款支付相同，从应试角度建议考生掌握上图所列知识点。

经典真题

1. 根据现行《标准设计施工总承包招标文件》，关于发包人在价格清单中给定暂估价的材料，下列说法错误的是（　　）。

A. 专用合同条件约定由承包人作为招标人的，招标文件、评标方案、评标结果应报送发包人批准

B. 合同约定由承包人负责招标的，与组织招标工作有关的费用已包含在签约合同价中

C. 合同约定由发承包双方共同招标的，与组织招标工作有关的费用由双方分摊

D. 不属于依法必须招标的，承包人具备相应资质的，经协商可以由承包人自行实施

【答案】 C

【解析】 本题考核工程总承包暂估价调整合同价款。C 选项错误，专用合同条件约定由发包人和承包人共同作为招标人的，与组织招标工作有关的费用在专用合同条件中约定。

2. 对于工程总承包合同中质量保证金的扣留与返还，下列做法正确的是（　　）。

A. 扣留金额的计算中应考虑预付款的支付、扣回及价格调整的金额

B. 不论是否缴纳履约保函，均须扣留质量保证金

C. 质量保证金原则上采用预留相应比例的工程款的方式

D. 最终结清申请单应列明质量保证金、应扣除的质量保证金、缺陷责任期内发生的增减费用

【答案】D

【解析】本题考核质量保证金的扣留与返还。A 选项错误，质量保证金的计算基数不包括预付款的支付、扣回以及价格调整的金额；B 选项错误，在工程项目竣工前，承包人已经提供履约担保的，发包人不得同时要求承包人提供质量保证金；C 选项错误，质量保证金原则上采用提交工程质量保证担保；D 选项正确。

3. 根据《建设项目工程总承包合同示范文本（试行)》规定，下列说法不正确的有（　　）。

A. 暂列金额可用于支付以计日工方式支付的金额

B. 采用价格调整公式时，未列入《价格指数权重表》的费用不因市场变化而调整

C. 发包人逾期支付进度款的，按照贷款市场报价利率（LPR）两倍支付利息

D. 发包人签发进度款支付证书，不表明发包人接受了承包人完成的相应部分的工作

【答案】B

【解析】本题考点较综合。发包人应在进度款支付证书签发后 14 天内完成支付，发包人逾期支付进度款的，按照贷款市场报价利率（LPR）支付利息；逾期支付超过 56 天的，按照贷款市场报价利率（LPR）的两倍支付利息。故 C 选项错误，应选 B。

4. 对于工程总承包合同中质量保证金的扣留与返还，下列说法法不正确的是（　　）。

A. 质量保证金的计算基数不包括预付款的支付、扣回以及价格调整的金额

B. 承包人已经提供履约担保的，应降低质量保证金预留比例

C. 承包人提交工程质量保证担保时，发包人应同时返还预留的作为质量保证金的工程价款

D. 不论以何种方式提供质量保证金，累计金额均不得高于工程价款结算总额的 3%

【答案】D

【解析】本题考核质保金保证相关知识点。在工程项目竣工前，承包人已经提供履约担保的，发包人不得同时要求承包人提供质量保证金，故 B 选项错误，当选 D。

考点二、国际工程合同价款的结算

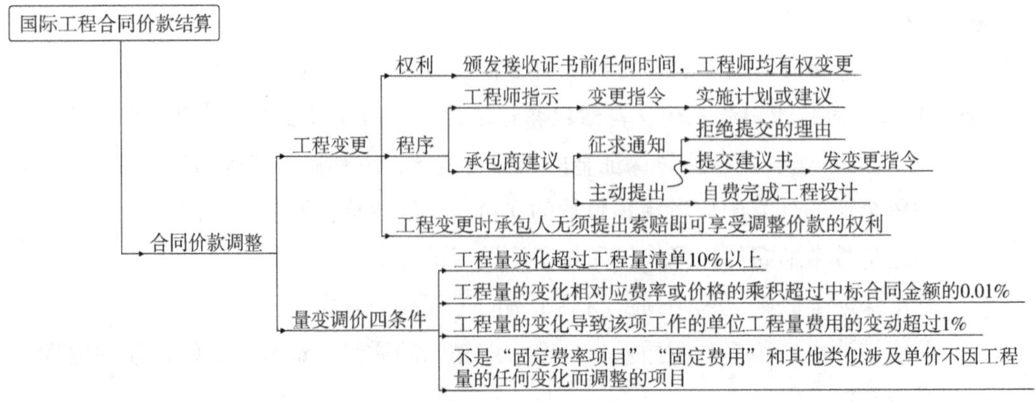

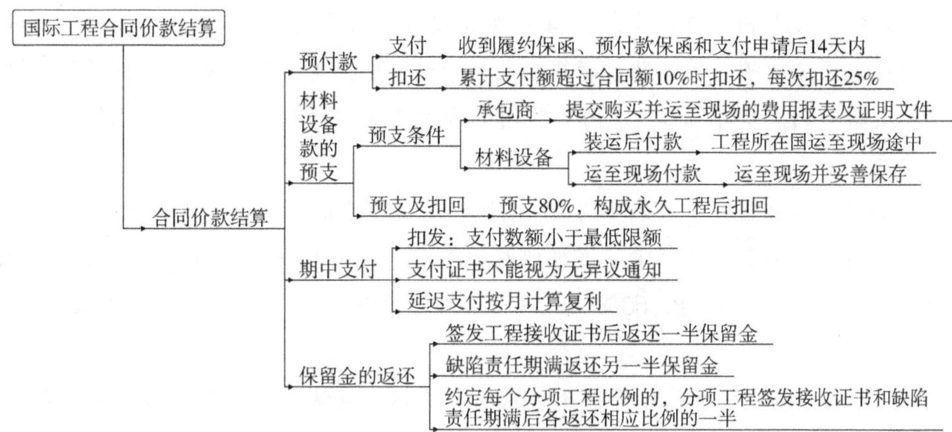

考题直通

国际工程价款结算知识点较多且繁杂，历年真题常考知识点为与我国工程合同价款结算的不同点。从应试角度讲，应重点关注工程变更的分类与程序、工程量增加调整合同价款需满足的条件、预付款的支付与扣回、材料设备款的预支与扣回及保留金的返还。

经典真题

1. 根据2017版FIDIC《施工合同条件》，关于国际工程变更与合同价款调整，下列说法正确的是（　　）。

A. 合同中任何工作的工程量变化均能调整合同价款

B. 不论何种变更，均须由工程师发出变更指令

C. 在明确构成工程变更的情况下，承包商仍须按程序发出索赔通知

D. 承包商提出的对业主有利的工程变更建议书的编制费用，应由业主承担

【答案】 B

【解析】 本题考核国际工程变更相关知识点。不论何种变更，都必须由工程师发出变更指令；在明确构成工程变更的情况下，承包商当然享有工期顺延和调价的权利，无须再依据索赔程序发出索赔通知；基于价值工程主动提出的变更，承包商应自费编制此类建议书。

2. 根据FIDIC《施工合同条件》通用条款，因工程量变更可以调整合同规定费率的必要条件是（　　）。

A. 实际分项工程量变化大于15%

B. 该分项工程量的变更与相对应费率的乘积超过了中标金额的0.01%

C. 工程量的变更直接导致了该部分工程每单位工程费用的变动超过了2%

D. 该部分工程量变更导致直接费受到损失

【答案】 B

【解析】 本题考核工程价格调整必备条件。具体表述为：①该项工作实际测量的工程量变化超过工程量清单或其他报表中规定工程量的10%以上；②该项工作工程量的变化与工

程量清单或其他报表中相对应费率或价格的乘积超过中标合同金额的 0.01%；③工程量的变化直接导致该项工作的单位工程量费用的变动超过 1%；④该项工作并非工程量清单或其他报表中规定的“固定费率项目”“固定费用”和其他类似涉及单价不因工程量的任何变化而调整的项目。

3. 在 FIDIC 合同条件中，工程师确认用于永久工程的材料和设备符合预支条件，在确定其实际费用后，期中支付证书中应增加该费用的（　　）作为工程材料和设备预支款。

A. 50%　　B. 60%　　C. 70%　　D. 80%

【答案】 D

【解析】 本题考核工程材料和设备款的预支。工程师确认用于永久工程的材料和设备符合预支条件后，应当根据审查承包商提交的相关文件确定此类材料和设备的实际费用（包括运至现场的费用），期中支付证书中应增加的款额为该费用的 80%。

4. 根据 FIDIC《施工合同书》通用合同条件，关于发包人对保留金的保留和返还，下列说法中正确的是（　　）。

A. 每次其中支付时扣留 2.5% ~5% 作为保留金

B. 签发整个工程的接收证书后，返还 40% 的保留金

C. 工程最后一个缺陷通知期满后，返还剩余的保证金

D. 如承包人有尚未完成的工作，不应返还剩余的保留金

【答案】 C

【解析】 本题考核保留金的返还。保留金的返还分为工程竣工后的返还和缺陷通知期满后的返还。工程竣工后返还：工程师签发工程接收证书后，承包人应申请返还一半的保留金，如果签发的接收证书仅限于分项工程，则返还的保留金应按该分项工程的相应比例的一半支付。缺陷通知期满后的返还：最后一个缺陷通知期届满后，承包商应立即申请支付保留金的另一半，如果签发的接收证书仅限于分项工程，则返还的保留金应按该分项工程的相应比例的一半支付。另外注意，申请支付的方式为将保留金列入其支付报表中。

第六章 建设项目竣工决算和新增资产价值的确定

第一节 竣工决算

一、框架体系（略）

二、考点预测

1. 竣工财务决算的组成及各组成部分的作用。
2. 待核销基建支出及非经营性项目转出投资的内容判断。
3. 基本建设项目竣工财务决算表中资金来源和资金占用的项目判断。
4. 建设工程竣工图无须修改、修改和重绘的情形及绘制主体。

三、考点详解

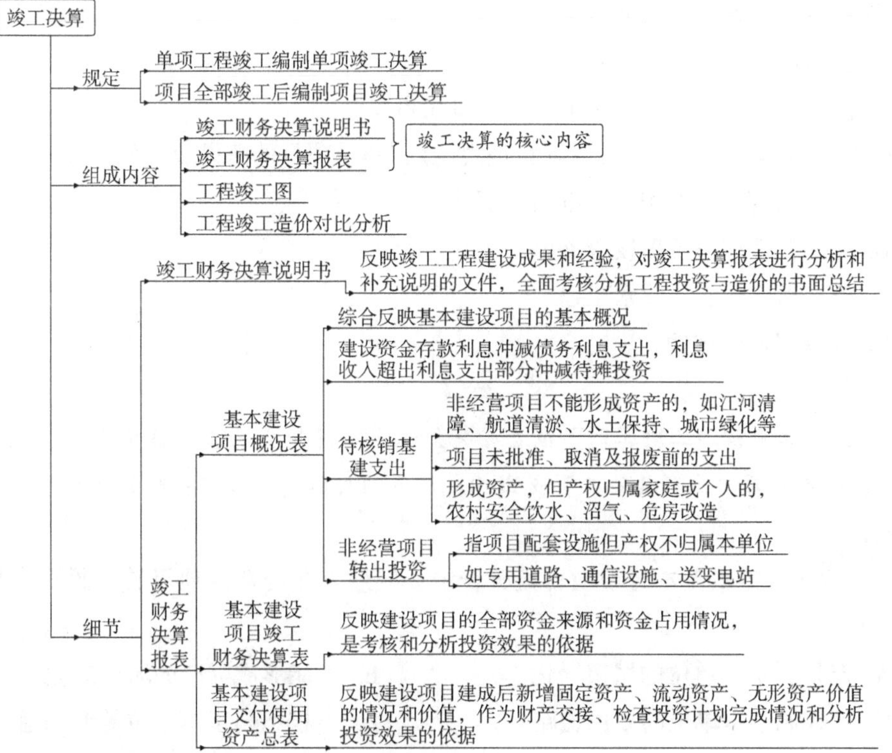

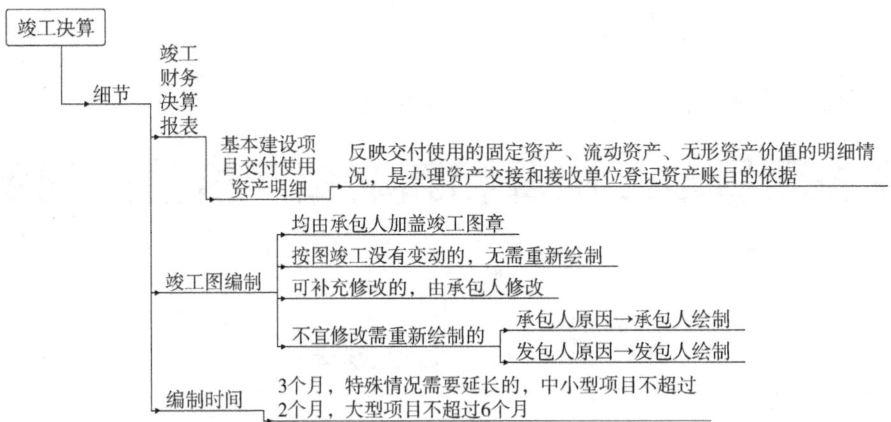

考题直通

本考点知识点比较繁杂，但历年真题高频考核知识点较固定，有以下几类：①竣工决算文件的组成及各部分的作用；②基本建设项目概况表中关于利息的规定、待核销基建支出和非经营项目转出投资的内容；③竣工图的绘制。

经典真题

1. 根据财政部、国家发改委、住建部的有关文件，竣工决算的组成文件包括（　　）。

A. 工程竣工验收报告　　B. 工程竣工图

C. 设计概算施工图预算　　D. 工程竣工结算

E. 工程竣工造价对比分析

【答案】 BE

【解析】 本题考核建设项目竣工决算的组成内容。

2. 根据《基本建设项目建设成本管理规定》，建设项目的建设成本包括（　　）。

A. 为项目配套的专用送变电站投资

B. 非经营性项目转出投资支出

C. 非经营性的农村饮水工程

D. 项目建设管理费

【答案】 D

【解析】 本题考核竣工决算财务报表相关知识点。建筑安装工程投资支出、设备工器具投资支出、待摊投资支出和其他投资支出构成建设项目的建设成本；项目建设管理费属于其他投资支出。

3. 竣工财务决算的基本建设项目概况表中，应列入非经营性项目转出投资支出的项目是（　　）。

A. 产权属于本单位的城市绿化　　B. 不能形成资产的城市绿化

C. 产权属于本单位的专用道路　　D. 产权不属于本单位的专用道路

【答案】D

【解析】本题考核非经营项目转出投资支出的内容。非经营性项目转出投资支出是指非经营项目为项目配套的专用设施投资，包括专用道路、专用通信设施、送变电站、地下管道等，且其产权不属于本单位的投资支出。本知识点注意两个条件，一是为项目配套的专用设施，二是产权不归属本单位，上述两条件要同时具备。特别注意要与作为待核销基建支出处理的区别，待核销基建支出的费用分为两类，一类是非经营项目不能形成资产的支出（含项目未被批准、项目取消和项目报废的支出），另一类是非经营项目形成产权归属个人或者家庭的支出。非经营项目中对于产权归属本单位的，应计入交付使用资产价值。

4. 关于建设工程竣工图的绘制和形成，下列说法中正确的是（　　）。

A. 凡按图竣工没有变动的，由发包人在原施工图上加盖“竣工图”标志

B. 凡在施工过程中发生设计变更的，一律重新绘制竣工图

C. 平面布置发生重大改变的，一律由设计单位负责重新绘制竣工图

D. 重新绘制的新图，应加盖“竣工图”标志

【答案】D

【解析】本题考核竣工图相关知识。凡按图竣工没有变动的，由承包人在原施工图上加盖“竣工图”标志后，即作为竣工图；凡在施工过程中，虽有设计变更，但能将原施工图加以修改补充作为竣工图的，由承包人负责在原施工图（必须是新蓝图）上注明修改的部分，并附以设计变更通知单和施工说明，加盖“竣工图”标志后，作为竣工图；凡不宜再在原施工图上修改、补充的重大改变，应重新绘制改变后的竣工图。由原设计原因造成的，由设计单位负责重新绘制；由施工原因造成的，由承包人负责重新绘图；由其他原因造成的，由建设单位自行绘制或委托设计单位绘制。承包人负责在新图上加盖“竣工图”标志，并附以有关记录和说明，作为竣工图。

第二节　新增资产价值的确定

一、框架体系（略）

二、考点预测

1. 分期交付及一次交付使用的工程计算新增固定资产价值的方法及固定价值包括的内容。

2. 建设单位管理费、勘察设计费、土地征用费、建筑设计费及工艺设计费的分摊基础。

3. 无形资产购入、自创、接受捐赠、作为资本金入股的计价方式。

4. 专利权、专有技术商标权及土地使用权的计价方法。

三、考点详解

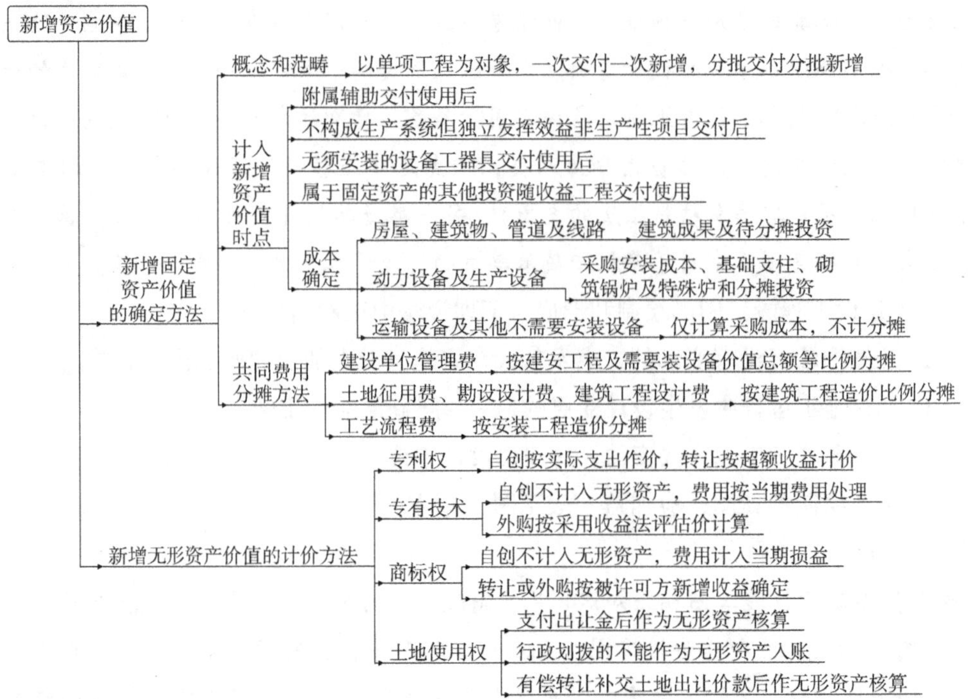

考题直通

本考点重点内容为固定资产和无形资产。固定资产中新增固定资产的计入时点、资产价值的确定方法及共同费用分摊方法为高频考核点，特别是共同费用的分摊方法，经常考核计算题。无形资产中，常考点为各类无形资产自创、转让的价值确定方法。

经典真题

1. 关于建设项目竣工运营后的新增资产，下列说法正确的是（　　）。

A. 新增固定资产价值的计算以单位工程为对象

B. 分期分批交付生产或使用的工程，待工程全部交付使用后，一次性计算新增固定资产价值

C. 凡购置的达到固定资产标准不需安装的工器具，应在交付使用后计入新增固定资产

D. 为保护环境而建设的附属辅助工程随主体工程一起计入新增固定资产

【答案】 C

【解析】 本题考核新增固定资产价值的计算。A 选项，新增固定资产价值的计算是以独立发挥生产能力的单项工程为对象的；B 选项，分期分批交付生产或使用的工程，应分期分批计算新增固定资产价值；C 选项正确；D 选项，为了保护环境而建设的附属辅助工程，只

要全部建成，正式验收交付使用后就要计入新增固定资产价值。

2. 在计算新增固定资产价值时，仅计算建筑、安装或采购成本，不计分摊的待摊投资的固定资产是（　　）

A. 管道和线路工　　B. 需安装的动力设备

C. 运输设备　　D. 附属辅助工程

【答案】 C

【解析】 本题考核交付使用财产的成本计算。运输设备及其他不需要安装的设备、工具、器具、家具等固定资产一般仅计算采购成本，不计分摊。

3. 某建设项目由 A、B 两车间组成，其中 A 车间的建筑工程费为 6000 万元，安装工程费为 2000 万元，需安装设备费为 2400 万元；B 车间建筑工程费为 2000 万元，安装工程费为 1000 万元，需安装设备费用为 1200 万元；该建设项目的土地征用费为 2000 万元，则 A 车间应分摊的土地征用费是（　　）万元。

A. 1500. 00　　B. 1454. 55　　C. 1424. 66　　D. 1090. 91

【答案】 A

【解析】 本题考核新增固定资产价值计算中共同费用的分摊方法。计算过程：$2000\times 6000\div(2000+6000)=1500$（万元）。

4. 一般不属于无形资产的，但当转让后可以计入无形资产的是（　　）。

A. 自创专利权　　B. 自创专有技术

C. 自创商标权　　D. 出让方式取得土地使用权

E. 划拨方式取得土地使用

【答案】 BC

【解析】 本题考核新增无形资产计价方法。专利权无论是资产还是外购都作为无形资产入账；专有技术及商标权自创不作为无形资产入账，产生的费用计入当期费用，当其转让时应计入无形资产；土地使用权是否作为无形资产入账要看是否缴纳了土地出让金，所以以出让方式取得的土地使用权作为无形资产入账，以划拨方式取得的土地使用权不作为无形资产入账，当转让划拨方式取得的土地使用权时，补缴土地出让金后方可作为无形资产入账。